四时节令
话 红 楼

谭汝为 赵建忠 著

彭连熙 绘

天津出版传媒集团｜天津人民美术出版社

图书在版编目（CIP）数据

四时节令话红楼 / 谭汝为，赵建忠著；彭连熙绘
— 天津：天津人民美术出版社，2024.2
ISBN 978-7-5729-1492-8

Ⅰ．①四… Ⅱ．①谭… ②赵… ③彭… Ⅲ．①二十四
节气—普及读物②《红楼梦》研究—普及读物 Ⅳ.
①P462-49②I207.411-49

中国国家版本馆CIP数据核字(2024)第022256号

四时节令话红楼
SISHI JIELING HUA HONGLOU

出 版 人：杨惠东
责 任 编 辑：李金鹏 邓剑人
技 术 编 辑：何国起
版 式 设 计：邓剑人
封 面 设 计：邓剑人
出 版 发 行：天津人民美术出版社
社 址：天津市和平区马场道150号
邮 编：300050
电 话：(022)58352900
网 址：http://www.tjrm.cn
经 销：全国新华书店
制 版：天津市彩虹制版有限公司
印 刷：天津海顺印业包装有限公司
开 本：710毫米×1000毫米 1/16
版 次：2024年2月第1版
印 次：2024年2月第1次印刷
印 张：18.5
印 数：1-2000
定 价：98.00元

"四时节令"的人文阐释

谭汝为

本书书名《四时节令话红楼》。首先，应把"四时节令"概念的语义诠释如下：

第一，话说"四时"的"时"

《说文·日部》："时，四时也。"四时，即把一年分作四个时段，每一个时段称作一"时"。《论语·学而》："学而时习之，不亦说乎！"所谓"时习之"，即按照时节而习，就是说孔子把所教课程按照一年四时来安排。《国语·周语上》："三时务农，而一时讲武。"韦昭注："三时，春、夏、秋；一时，冬也。"所谓"四时"，就指一年四季，即春、夏、秋、冬。钟嵘《诗品·序》："若乃春风春鸟，秋月秋蝉，夏云暑雨，冬月祁寒，斯四候之感诸诗者也。"四时气候，时空交织，天人相应，感同身受，物与心契。

第二，话说"节""气""候"

（一）《说文·竹部》："节，竹约也。"段玉裁注："约，缠束也，竹节如缠束之状。"可知"节"的本义是竹节。竹节把竹子分成若干段，于是引申为"时节"，因而春、夏、秋、冬四季可称为"四节"。再细致分，就是"八节二十四气"。所谓八节，即：

立春、立夏、立秋、立冬，春分、秋分，夏至、冬至。古人解释："冬、夏二至者，寒暑之极；春、秋二分者，阴阳之和；春、夏、秋、冬四立者，生长收藏之始也。"

（二）《说文·气部》："气，云气也。"古人认为天地之间无处不在的"气"，是宇宙的本源。自然界的变化，被认为是"气"的变化所致。《管子·形势》："春者阳气始上，故万物生；夏者阳气毕上，故万物长；秋者阴气始下，故万物收；冬者阴气毕下，故万物藏。" 四季与农事结合，就是春耕、夏耘、秋收、冬藏。一年内自然界的变化可分为不同的阶段，每一个阶段可称为一"气"，一年常被分作二十四气。

（三）《说文·人部》："候，伺望也。"本义为守望、察看。在早期社会，人们观察动植物或其他自然现象变化的征候，以此作为节气变化及农事活动的依据。古人在观测星象的同时，也观察物候，以发现并总结一年四季气候变化的规律。于是，"候"也可引申指时节。古代以五日为一候，三候为一节气。一年四季二十四个节气，共七十二候。平均每个月有两个节气，六个物候。

第三，说"节气"

节气的划分，起源于北方的黄河流域，因为历史上我国主要的政治、文化、经济中心多集中在这个地区。古代历法将太阳一周年的运动轨迹划分成二十四个等份，用来表示季节的更替和气候的变化，统称二十四节气。二十四节气大致对应一年中的十二个月，平均每个月对应两个节气。早在 2700 多年前，古人通过在地面上立一根杆来观测日影及昼夜的变化，确立了昼夜均分的春分和秋分。后来，又进一步确认了冬至和夏至。至此定下了四时，即四季。到汉武帝时成书的《淮南子》，已有完整的关于二十四节气的记载，名称和顺序与现在完全一致。二十四节气，已形成完整的知识体系，形成科学、严密的历法文化和气象文化，以指导农业社会的生产和生活实践。

"二十四节气"是古人通过观察太阳周年运动，认知一年中时令、气候等方面变化规律而形成的知识体系和社会实践。按照太阳周年运动的轨迹，划分为二十四个等份，每一等份为一个"节气"，统称二十四节气。为了便于记忆，古人编写了《二十四节气歌》：

> 春雨惊春清谷天，夏满芒夏暑相连。
>
> 秋处露秋寒霜降，冬雪雪冬小大寒。
>
> 立春梅花分外艳，雨水红杏花开鲜。
>
> 惊蛰芦林闻雷报，春分蝴蝶舞花间。
>
> 清明风筝放断线，谷雨嫩茶翡翠连。
>
> 立夏桑果像樱桃，小满养蚕又种田。
>
> 芒种育秧放庭前，夏至稻花如白练。

小暑风催早豆熟，大暑池畔赏红莲。

立秋知了催人眠，处暑葵花笑开颜。

白露燕归又来雁，秋分丹桂香满园。

寒露菜苗田间绿，霜降芦花飘满天。

立冬报喜献三瑞，小雪鹅毛飞片片。

大雪寒梅迎风狂，冬至瑞雪兆丰年。

小寒游子思乡归，大寒岁底庆团圆。

起源于黄河流域的"二十四节气"，凝聚了古人的智慧。在当时生产力低下、缺少科学测绘仪器的条件下，古人对自然的认识，能达到如此之高的水平，并使之系统化和规律化，的确令人钦敬。

二十四节气反映出的气候变化、雨水多寡和霜期长短，是古人长期对天文、气象、物候进行观测探索和总结归纳的结果，对农业耕作具有重要和深远的影响。从西汉起，二十四节气被历代沿用，指导农业生产如何不违农时，如何按节气安排，进行播种、田间管理和收获等农事活动。两千多年来的实践证明，二十四节气是科学的，在中华民族的农业生产和生活实践中，发挥了巨大的作用。直到今天，它仍在指导着我国的农业生产及气象研究。

两千年来，二十四节气一直是深受农民重视的"农业气候历"，但它所反映的是黄河中下游地区自然季节物候的特征。对于不同纬度或不同海拔的地区，二十四节气只能提供相对参考作用。

　　传统中医认为，人类肌体的变化、疾病的发生与二十四节气也是紧密相连的。对应节气，指出了治疗用药必须按四时节气而制定。现在每一个节气，都会有各种关于养生食材、锻炼方法等方面的提示，包括根据节气增减衣物，等等，都是二十四节气的现实指导意义。

　　2016 年 11 月 30 日，联合国教科文组织保护非物质文化遗产政府间委员会经过评审，正式将我国申报的"二十四节气——中国人通过观察太阳周年运动而形成的时间知识体系及其实践"列入联合国教科文组织人类非物质文化遗产代表作名录。国际气象学界，把这一时间知识体系誉为"中国的第五大发明"，彰显出中华传统文化的无穷魅力。"二十四节气"不仅深刻影响着人们的思维方式和行为习惯，而且鲜明地体现了人与自然和谐相处的能力。它带给我们的除了对生产、生活的指导意义之外，还有人类应该亲近自然、尊重自然、保护自然的积极态度。

第四，说"传统节日"

　　"传统节日"形成于久远的农耕时代，经过前人的相互认同而约定俗成。把一年中某一天确定为节日，从而产生了这个节日独特的仪式、规约、禁忌，以及特定的食品、游艺或装饰。例如春节、元宵、花朝、寒食、端午、乞巧、中秋、重阳、腊八、辞灶、除夕等传统节日。每一个传统节日，人们都把理想、愿望和审美情趣融入节日之中。传统节日的文化精神，体现了中华民族对美好生活的不懈追求，对大自然伟力的感恩与敬畏，对国家安定、家庭团圆与社会和谐的企望。

本书以一年四季、二十四个节气为时间主线，将其他重要的传统节日插入相邻的节气之中，以此作为时空交叉的人文基础及语境背景。全书分为三个板块，一是文化学者本人围绕四时节令，从气候、农事、养生、民俗、诗词等侧面，进行文化阐释；二是画家彭连熙先生精心绘制的以节气为背景的红楼系列人物画；三是红学家赵建忠先生对"红楼梦与四时节令"的艺术赏析——以四季节气和故事线索为经纬，多元展示"金陵十二钗"的人物性格，以及令人感慨唏嘘的人物命运。

目录

春

立春

陆柬之书文赋

月令图 二月图

　　立春是二十四节气之首，在每年阳历的2月3日至5日之间。所谓"立"即为"开始"之义，立春就
春季的开始。俗语说"春打六九头"，立春日常在"六九"的第一天。从立春到立夏这段时间，被称为春天

一、立春气候

立春时节，"阳和启蛰，品物皆春"，此时的阳光逐渐变得温暖。古代将立春的十五天分为三候："一候东风解冻，二候蛰虫始振，三候鱼陟负冰。"立春后，东风送暖，大地解冻，蛰居的虫类慢慢在洞中苏醒，河冰开始融化，鱼开始到水面上游动。河面尚未融化的碎冰片，如同被鱼负着似的浮在水面上。

二、立春民俗

立春俗称"打春"，在这一天，人们吃春盘、春饼或春卷、生菜、萝卜，称为咬春。在"立春"这天举行纪念活动已有三千多年的历史。当时，祭祀居于大地东方的芒神，即主管农事的春神。周朝迎接"立春"的仪式是这样的：在立春前三天，太史稟报天子："某日立春，大德在木（按古代五行说法，东方属木，色青，与春相配）。"于是天子就洁身斋戒，调适身心。立春当天，天子亲率三公九卿诸侯大夫到首都东郊迎接春天来临。礼毕归来，天子在朝廷赏赐卿、诸侯、大夫，命国相宣布教化，发布禁令，褒奖施恩，惠及百姓。

到了汉代，立春之日拂晓，京师百官都穿上青色的服装，张挂青幡，在门外放置用泥土制作的土牛和农夫模样的泥偶，以此提醒百姓：春耕即始，努力事之。宋代张世南《游宦纪闻》载："立春前一日，出土牛于鼓门之前。若晴明，自晡（申时，下午3-5时）后达旦，倾城出观，巨室或乘轿旋绕，相传云'看牛则一岁利市（吉祥）'。"及立春之日，鞭打春牛时，围观者里三层外三层，街道为之阻塞。鞭打完毕，围观者一拥而上，争抢被打破的土牛碎片。据说把春牛身上的土带回家中，就会保佑五谷丰登，消灾去病。宋代《梦粱录》载，"立春日，宰臣以下，入朝称贺。"可见，迎春活动已从郊野进入宫廷，成为官吏间的互拜活动。

到了清代，迎春仪式演变为全民参与的重要民俗活动。据《燕京岁时记》载："立春先一日，顺天府官员，在东直门外一里春场迎春。立春日，礼部呈进春山宝座，顺天府呈进春牛图，礼毕回署，引春牛而击之，曰打春。"

所谓"打春"，是以"鞭打春牛"来催农耕作。打春牛本是农民祈盼丰收而举行的祈祷活动，后传入城市，成为人们祈福、驱难并伴有自娱自乐内容的重要民俗活动。"鞭打春牛"时礼官高声朗诵颂词："一打风调雨顺，二打地肥土暄，三打三羊开泰，四打四季平安，五打五谷丰登，六打六合同春……"以此抒发全民对丰收年景的祈盼。

三、立春农事

宋代张轼诗云："律回岁晚冰霜少，春到人间草木知。便觉眼前生意满，东风吹水绿参差。"当代诗人左河水《立春》："东风化雨逐西风，大地阳和暖气生。万物苏萌山水醒，农家岁首又谋耕。"

中国自古为农业国，民谚有"一年之计在于春"的说法。旧俗立春，既是古老的节气，也是重大的节日。《事物记原》载："周公始制立春土牛，盖出土牛以示农耕早晚。"后世历代封建统治者这一天都要举行鞭春之礼，意在鼓励农耕，发展生产。如立春恰逢正月初一，俗谓"岁朝春"，民间认为这一年的收成肯定好，故有"百年难遇岁朝春"的民谚。

双立春，指一年有两个立春日，民间认为吉利。民谚"一年打两春，黄土变成金"——预示农业丰收。有的民谚说"一年两立春，黄牛贵如金""春见春，四蹄贵似金"——认为牲畜会涨价。

有关立春的谚语很多——如以晴天无雨为依据的，有"立春晴，雨水匀""立春晴，一春晴"等；以雨雪为依据的，有"立春雨淋淋，阴阴湿湿到清明""打春下大雪，百日还大雨"等；以雷电为依据的，有"雷打立春节，惊蛰雨不歇""立春一声雷，一月不见天"等；以冷暖为依据的，有"立春寒，一春暖"；以风力为依据的，有"立春北风雨水多""立春东风回暖早、立春西风回暖迟"，等等。

四、立春食俗

打春这天，民间讲究吃春饼，吃油炸春卷，或做春柳，即用鸡蛋摊片儿切丝，拌上切成小段的春韭。还讲究吃紫心萝卜，称"咬春"，据说吃萝卜可使人们一年不犯困。汉代崔寔《四民月令》记载，我国很早就有"立春日食生菜……取迎新之意"的饮食习俗，到了明清后，所谓的"咬春"主要是指在立春日吃萝卜。如明代刘若愚《酌中志·饮食好尚纪略》载："至次日立春之时，无贵贱皆嚼萝卜，名曰咬春。"清代富察敦崇《燕京岁时记》亦载："打春即立春，是日富家多食春饼，妇女等多买萝卜而食之，曰咬春，谓可以却春困也。"

立春这天，南方北方都有吃春饼的习俗。晋代潘岳撰《关中记》

载："（唐人）于立春日做春饼，以春蒿、黄韭、蓼芽包之。"《北平风俗类征·岁时》载："是月如遇立春……富家食春饼，备酱熏及炉烧盐腌各肉，并各色炒菜，如菠菜、韭菜、豆芽菜、干粉、鸡蛋等，且以面粉烙薄饼卷而食之，故又名薄饼。"

春卷也是立春日人们常食用的美食——以薄面皮包馅，用油炸制而成。时至今日，色泽金黄、外皮酥脆、肉馅鲜嫩、香气诱人的春卷已成为许多大酒店宴席上一道风味独特、备受欢迎的名点。

五、立春赏诗

"阳春三月，江南草长，杂花生树，群莺乱飞。"——生机盎然、花香鸟语的明媚春光，是历代诗人刻意描摹吟咏的对象。春天给人的感受，复杂微妙而多变，于是诸如"盼春、迎春、探春、赏春、惜春、伤春、问春、怨春……"之类的词语才得以产生。

城东早春
唐·杨巨源
诗家清景在新春，绿柳才黄半未匀。
若待上林花似锦，出门俱是看花人。

头两句用新春萌发春意比喻诗歌之意：诗人必须感觉敏锐，善于发现新事物，才能写出新境界。后两句用繁花似锦人如潮比喻诗歌创作：如一味沿袭重复，滥调重弹，则难以登堂入室。诗作通过对城东早春的观察和描写，引发对诗歌创作的见解，给读者留下深刻的印象。

神荼郁垒碑

吕纪　杏花孔雀图

雨水是 24 节气中的第二个节气，在每年阳历 2 月 18 日到 20 日之间。元代吴澄《月令七十二候集解》：
"正月中，天一生水。春始属木，然生木者，必水也，故立春后继之雨水。且东风既解冻，则散而为雨水矣。"
意思是说，雨水节气前后，大地解冻，气温渐升，万物萌动，春天就要到了。雨水节气，表示降水开始，雨
量逐步增多。此时，冬去春来，冰雪融化，空气湿度不断增大，降水增多，故名"雨水"。作为节气的"雨水"
和"谷雨""小雪""大雪"一样，都属于反映降水现象的节气。

一、雨水气候

我国古代将雨水分为三候："一候獭祭鱼，二候鸿雁来，三候草木萌动。"就是说，在雨水这个节气的 15 天内，动植物有三种典型的体现——首先是"獭祭鱼"，即水獭开始捕鱼，先把鱼摆在岸边如同祭祀的样子再吃掉；五天过后"鸿雁来"，即大雁开始从南方飞回北方；再过五天"草木萌动"，在"润物细无声"的春雨中，草木随着地中阳气的上腾而开始抽出嫩芽。至此，大地渐渐呈现一派欣欣向荣的景象。

如果这三种自然现象没有发生，古人认为会发生社会动荡。《逸周书·时训解》指出："獭不祭鱼，国多盗贼；鸿雁不来，远人不服；草木不萌动，果蔬不熟。"体现古代天人感应的思维特点，虽系唯心，但其中也存在一定的合理性。

在雨水节气的半个月里，太阳的直射点由南半球逐渐向赤道靠近，这时的北半球，日照时长和强度日益增加，气温回升较快；而来自海洋的暖湿空气开始活跃，也渐渐向北挺进。与此同时，冷空气在减弱的趋势中并不甘示弱，与暖空气频繁进行较量，既不甘退出主导的地位，也不肯收去余寒。

在黄河中下游地区（华北地区），"立春"是春天的第一乐章"奏鸣曲"：春意萌发、春寒料峭。雨水之后，便进入了春天的第二乐章"变奏曲"：气温回升、乍寒乍暖。雨水期间"七九河开、八九雁来"，一幅冬末春初的风景。这时冷暖空气的交锋，带来的已经不是气温骤降、雪花飞舞，而是春风春雨的降临。此时这一地区的平均气温都已经升到 0℃以上，甚至白天最高气温可达到 20 多摄氏度，已经没有了降雪的条件，先人们以第一场春雨命名"雨水"，也是恰如其分的。

雨水节气不仅表明降雨开始及雨量增多，而且表示气温升高。雨水前，天气相对来说比较寒冷。雨水后，人们则明显感到春回大地，春暖花开，春满人间，沁人的气息激励着身心。这一时期，气温变化不定，寒潮出现频繁，忽冷忽热，乍暖还寒，对植物生长和人们身体健康，影响极大。

二、雨水农事

在二十四节气的起源地——黄河流域，雨水之前天气寒冷，但见雪花纷飞，难闻雨声淅沥；雨水之后气温一般可升至 0℃ 以上，雪渐少而雨渐多。可是在气候温暖的南方地区，即使隆冬时节，降雨也不罕见。我国南方大部分地区这段时间平均气温多在 10℃ 以上，桃李含苞，樱桃花开，确已进入气候上的春天。除了个别年份外，霜期至此也告终止。嫁接果木，植树造林，正是时候。

全国大部分地区严寒多雪之时已过，开始下雨，雨量渐增多，有利于越冬作物返青或生长，需要抓紧越冬作物田间管理，做好选种、施肥等春耕春播准备工作。

雨水节气的 15 天，正是从"七九"第六天走到"九九"第二天——"七九河开，八九雁来，九九加一九，耕牛遍地走"——这意味着除了西北、东北、西南高原的大部分地区仍处在寒冬之中外，其他许多地区正在进行或已经完成了由冬转春的过渡，在春风雨水的催促下，广大农村开始呈现出一派春耕的繁忙景象。

表现"雨水"期间春耕繁忙景象的谚语有"七九六十三，路上行人把衣宽""七九八九雨水节，种田老汉不能歇""雨水到来地解冻，化一层来耙一层""雨水有雨庄稼好，大麦小麦粒粒饱""雨水有雨庄稼好，大春小春一片宝""雨水草萌动，嫩芽往上拱，大雁往北飞，农夫备春耕""雨水清明紧相连，植树季节在眼前"，等等。

民间有关雨水节气的谚语，大多是通过雨水当天的天气状况，预测后期气候变化的。例如："雨水落雨三大碗，大河小河都要满""雨水落了雨，阴阴沉沉到谷雨""雨水明，夏至晴""雨水东风起，伏天必有雨"，等等。

三、雨水养生

雨水季节，北方冷空气活动仍很频繁，天气变化无常。人们常说的"春捂"，就是古人根据春季气候变化特点而提出的养生法则。初春阳气渐生，气候日趋暖和，人们逐渐去棉穿单。但此时北方阴寒未尽，气温变化大，虽然雨水之季不像寒冬腊月那样冷冽，但由于人体皮肤腠理已变得相对疏松，对风寒的抵抗力会有所减弱，因而易患病。所以说在这个时节注意"春捂"是有一定道理的。这种变化无常的天气，容易引起人的情绪波动，乃至心神不安，影响人的身心健康，对高血压、心脏病、哮喘患者更是不利。

为了消除这些不利因素，除了应当进行"春捂"外，还应采取积极的精神调摄养生锻炼法。保持情绪稳定对身心健康有着十分重要的作用。另外，雨水后，春风送暖，致病的细菌、病毒易随风传播，故春季常易暴发传染病。应该注意锻炼身体，增强抵抗力，预防疾病。

四、雨水修辞

古代哲人擅长用"雨水"来比喻事物，例如"东风化雨"比喻良好的熏陶教育。出自《孟子·尽心上》："君子之所以教者五：有如时雨化之者，有成德者，有达财者，有答问者，有私淑艾者。"大意是：君子施教有五种方式：有像及时雨一样滋润化人的，有成全人的品德的，有培养人的才能的，有解答疑问的，有以学识风范感化他人使之成为私淑弟子的。

在农耕文化中，人们把久旱无雨视为人间有重大冤情的征兆。因而人们把 "大旱望云霓""久旱逢甘霖"视为人生最大的期盼。

五、雨水赏诗

春夜喜雨（节选）

唐·杜甫

好雨知时节，当春乃发生。

随风潜入夜，润物细无声。

春天是万物萌生的季节，正需要下雨，雨就下起来了。雨水似乎懂得节气，在植物萌发生长的时侯，它随着春风在夜里悄悄落下，悄然无声地滋润着大地万物。

早春呈水部张十八员外（其一）

唐·韩愈

天街小雨润如酥，草色遥看近却无。

最是一年春好处，绝胜烟柳满皇都。

初春时节，京城大道小雨纷纷，就像酥酪般细密而滋润，远望草色依稀成片，近看时却显得稀疏零星。这是一年中最美的春色，远胜过绿杨满城的暮春。

临安春雨初霁（节选）

宋·陆游

世味年来薄似纱，谁令骑马客京华。

小楼一夜听春雨，深巷明朝卖杏花。

这些年世态人情淡薄得似纱，可谁让我要骑马到京城作客沾染俗华？在小楼上听着春雨淅淅沥沥下了一夜；明天一早，深幽小巷里想必会传来卖杏花的吆喝声……

驚蟄

多寶塔碑及石経

月令图　三月图

　　惊蛰是二十四节气中的第三个节气，在每年阳历３月５日至７日之间。"惊"者，震惊也。"蛰"者，藏也。所谓"惊蛰"，即天气回暖，春雷始鸣，潜伏于地下冬眠的昆虫被惊醒。

　　惊蛰，古称"启蛰"。到了汉朝，因汉景帝名讳为"启"，为了避讳而将"启蛰"改为近义词"惊蛰"。在现今的汉字文化圈里，日本仍然使用"启蛰"这个名称。

一、惊蛰气候

我国古代将惊蛰分为三候：一候桃始华；二候仓庚（黄鹂）鸣；三候鹰化为鸠。意思是说桃花已红，如霞似锦；黄鹂鸟开始鸣叫；已看不到雄鹰的踪迹，只能听见斑鸠在鸣叫。

惊蛰前后乍寒乍暖，气温和风的变化都较大。《月令七十二候集解》云："二月节，万物出乎震，震为雷，故曰惊蛰。是蛰虫惊而出走矣。"正如唐诗所言："惊蛰到，万物苏。春花开，始耕种。微雨众卉新，一雷惊蛰始。田家几日闲，耕种从此起。"惊蛰时太阳黄经为 345 度，华南地区已是桃红李白、燕归莺鸣、春光明媚的景色了。

气象谚语"惊蛰至，雷声起""春雷响，万物长""未到惊蛰雷先鸣，必有四十五天阴"。根据惊蛰冷暖预测后期天气的谚语有"冷惊蛰，暖春分"等。惊蛰的风也被用作预测后期天气的依据，如"惊蛰刮北风，从头另过冬""惊蛰吹南风，秧苗迟下种"等。

二、惊蛰农事

民间有谚语云："春雷响，万物长""惊蛰节到闻雷声，震醒蛰伏越冬虫。"这均为惊蛰节气的特征。惊蛰的"惊"是和春雷联系在一起的。《周易》的"无妄"之卦，卦象是雷行天下，程颐对此的解释是："雷行于天下，阴阳交和，相薄而成声，于是惊蛰藏，振萌芽，发生万物。"也是将春雷与惊蛰联系在一起。由于春雷与惊蛰的联系，使得"惊蛰"这个自然节令与春雷这个自然现象都有了"希望""新生"的文化意味。陆游写惊蛰的诗

《闻雷》："儿童莫笑是陈人，湖海春回发兴新。雷动风行惊蛰户，天开地辟转鸿钧。"抒发在惊蛰时令听到春雷后充满希望的兴奋心情。

农谚："到了惊蛰节，锄头不停歇。"到了惊蛰，中国大部地区进入春耕大忙季节。俗话说："季节不等人，一刻值千金""九尽杨花开，农活一齐来""惊蛰春雷响，农夫闲转忙""惊蛰地气通，锄麦莫放松""惊蛰一犁土，春分地气通""过了惊蛰节，春耕不能歇"等。春耕时分最需要的就是"贵如油"的春雨，人们盼望负责布云施雨的"龙"被春雷惊醒，抬起头来，抖擞精神，为辛勤劳作的农民带来福祉。

三、惊蛰民俗

惊蛰前后，恰与农历二月二相重合。民谚："二月二，龙抬头；大仓满，小仓流。"传说经过冬眠的"龙"，在这天被春雷惊醒，在沉睡中抬头而起，故称"龙抬头"。"二月二"一早，人们得把蛰伏一冬的"龙"引回来。旧时，家家户户取灶灰从户外撒起，一路逶迤步入宅厨，旋绕水缸，成一弯弯曲曲的灰龙，称为"青龙得水"——期盼风调雨顺，五谷丰登。

早春二月，蛰伏泥土中的昆虫和蛇兽也从冬眠中苏醒。过去人们家中睡的是土炕，炕沿用木头做成，人们用笤帚把儿敲打木炕沿，嘴里念叨着："二月二，敲炕沿，蝎子蜈蚣不露面。"随着时代变迁，"引龙回""敲炕沿"的民俗现在无法延续了；但煎焖子、吃合菜、剃龙头这些习俗迄今仍延续着。

天津人在二月二最讲究吃焖子，煎焖子又叫"煎龙鳞"。天津人煎焖子很讲究，用平底铛，薄油文火，将焖子块煎成两面微焦，装盘后趁热浇上麻酱汁、醋、酱油和蒜泥，清香爽口。另一种节令食品是春饼卷合菜，二月二吃春饼又被称为"咬龙鳞"，春饼就是用白面烙成的双层薄饼；合菜用肉丝、鸡蛋、木耳、豆芽、粉丝等炒制。吃时春饼上抹面酱卷合菜，清淡可口。正如民谚所言"盒子菜样样有，五谷丰登好年头"。

"正月不剃头"的节日禁忌，到二月二宣告结束。中国民间普遍认为在这一天剃头，会使人鸿运当头、福星高照、一年顺遂，因此，民谚有"二月二剃龙头，一年都有精神头"的说法。

四、惊蛰与养生

惊蛰过后，春暖花开，是各种病毒和细菌活跃的季节。惊蛰时节，人体肝阳渐生，阴血相对不足。养生应顺乎阳气升发，万物始生的特点，要让自身情志、精神、气血如春日一样舒展畅达，生机盎然。

《黄帝内经》曰："春三月，此谓发陈。天地俱生，万物以荣。夜卧早起，广步于庭。披发缓行，以便志生。"其大意是，春季万物复苏，应该晚睡早起，散步缓行，可以使精神愉悦、身体健康。惊蛰须"三防一要"：清淡饮食防上火；润肺化痰防燥咳；忌辣食酸防"肝旺"。一要：早睡早起养正气。

五、惊蛰赏诗

观田家

唐·韦应物

微雨众卉新，一雷惊蛰始。

田家几日闲，耕种从此起。

丁壮俱在野，场圃亦就理。

归来景常晏，饮犊西涧水。

饥劬不自苦，膏泽且为喜。

仓廪无宿储，徭役犹未已。

方惭不耕者，禄食出闾里。

　　一场春雨过后，草木焕然一新。一声春雷，蛰伏土中冬眠的昆虫被惊醒了。农民没过几天悠闲的日子，春耕就开始了。自惊蛰之日起，就得整天起早摸黑地忙于农活了。健壮的青年都到田地里去干活了，留在家里的女人小孩就把家门口的菜园子收拾好，准备种菜。每天忙忙碌碌，回到家天色已晚，把小牛牵到村子西边的溪沟里饮水。忙得又累又饿，却不觉得苦，一看到雨水滋润的禾苗，就觉得很欢喜。即使整日忙碌，家里也没有隔夜粮，劳役却是没完没了。自己不从事耕种，但俸禄却来自乡里，使我深感惭愧。这首诗因为接地气，抒民情，系民心，感民恩，而广为传诵。

闻 雷

唐·白居易

瘴地风霜早，温天气候催。

穷冬不见雪，正月已闻雷。

震蛰虫蛇出，惊枯草木开。

空馀客方寸，依旧似寒灰。

　　"瘴地"，指江西九江，由于"地低湿"，所以瘴气较多，
生发诗人一些低落哀伤的情绪。前面写瘴气风霜，实则是为后面
闻雷之惊喜作铺垫。穷尽冬天，不见下雪；正月才至，已闻雷声。
正是这一声春雷，不但让万物复苏，蛰虫惊而出走，也让诗人一
颗寂寥落寞的心，重新燃起一丝希望。一切还没有那么坏，生命
本就是无常的，不妨乐观待之，静听花开。通过这首诗，可以看
到逆境中的诗人如何寻求自我与外界的和解，如何面对当下的迷
茫与对未来的焦虑，如何在生活与诗意之间找到一种存在的意义。
"震蛰虫蛇出，惊枯草木开"的万物复苏景象，无疑是解开诗人
心结的一剂良药。祝愿大家在惊蛰时节一切如愿，让往事随风，
我们一起拥抱春天的到来！

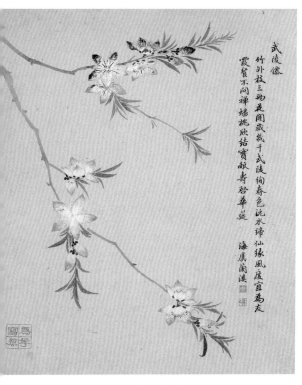

武陵儒

竹外枝三两花开威蕤于武陵绚春色沅水绵仙缘风度宜为友

霞餐不问禅蟠桃欣结实献寿碧华筵

海虞蘭溪

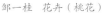

邹一桂　花卉（桃花）

春分

多寶墻碑

春分是二十四节气中的第四个节气，在每年阳历3月20日或21日，此时太阳光直照赤道，昼夜几乎等长，故俗语曰："春分秋分，昼夜平分。"此后太阳直射点继续北移，北半球各地昼渐长而夜渐短，南半球各地夜渐长而昼渐短。"春分"有两重意思。一是说，春分这一天，白天和黑夜均等，各为12小时。另一个意思是说，春分为春季九十天的中分点，它平分了春季。到了春分时节，我国广大地区越冬作物将进入春季生长阶段。春分的季节现象与时空状态，可用当代诗人左河水诗作概括："风雷送暖季中春，桃柳着妆日焕新。赤道金阳直射面，白天黑夜两均分。"

一、春分气候

古代春分为三候：一候元鸟至，二候雷乃发声，三候始电。春分节气后，燕子便从南方飞来，下雨时天空便打雷闪电。春分时节，雨水明显增多，气候温和，阳光明媚，真正意义上的春季也就到来了。此时无论大江南北，都是一派春意融融的景象。在辽阔的大地上，杨柳青青、莺飞草长、小麦拔节、油菜花香。正如宋人欧阳修对春分时节的描述："南园春半踏青时，风和闻马嘶。青梅如豆柳如眉，日长蝴蝶飞。"

根据春分晴雨预示后期天气及年景的谚语："春分有雨到清明，清明下雨无路行""春分降雪春播寒，春分有雨是丰年""春分阴雨天，春季雨不歇"等。根据冷暖预示后期天气的谚语："春分不暖，秋分不凉""春分不冷清明冷"等。根据刮风与否预示后期天气的谚语："春分西风多阴雨""春分刮大风，刮到四月中""春分大风夏至雨"等。描写昼夜等长的谚语："春分秋分，昼夜平分""吃了春分饭，一天长一线"等。

二、春分农事

初春时节，气温回升较快，又出现一段时间气温持续偏低，这种天气现象人们称作"倒春寒"。在南方"倒春寒"气候主要的影响是早稻烂秧，在北方"倒春寒"气候会影响花生、蔬菜、棉花的生长，严重的还会造成小麦的死苗现象。在中国北方，尤其是西北、华北有"十年九春旱"和"春雨贵如油"之说，在冬季雨雪少的时候，冬小麦处于越冬阶段，对缺水的情况不甚敏感。

但进入 3 月后，土壤解冻，小麦返青；春季作物由南向北播种，如果此时降水继续偏少，旱象就会明显地反映出来。"春分麦起身，一刻值千金"，北方春季少雨的地区要抓紧春灌，浇好水，施好肥。

"二月惊蛰又春分，种树施肥耕地深。"春分也是植树造林的极好时机，古诗就有"夜半饭牛呼妇起，明朝种树是春分"之句。在火热的农忙季节，还应植树造林，绿化山河，美化环境。俗话讲："春分麦起身，肥水要紧跟。"一场春雨一场暖，春雨过后忙耕田。春季大忙季节就要开始了，春管、春耕、春种即将进入繁忙阶段。

三、春分民俗

春分民俗多种多样，早在周朝，就有祭日仪式。清潘荣陛《帝京岁时纪胜》："春分祭日，秋分祭月，乃国之大典，士民不得擅祀。"日坛坐落在北京朝阳门外，又叫朝日坛，它是明清两代皇帝在春分这一天祭祀太阳的地方。朝日定在春分的卯刻，每逢甲、丙、戊、庚、壬年份，皇帝亲自祭祀，其余的年岁由官员代祭。每次祭祀之前皇帝要来到北坛门内的具服殿休息，然后更衣到朝日坛行祭礼。祭日虽然比不上祭天与祭地典礼，但仪式也颇为隆重。

春分另一习俗，就是挨家送春牛图。在二开红纸或黄纸印上全年农历节气和农夫耕田图样，名曰春牛图。送图者为民间善言唱者，主要说些春耕和吉祥不违农时的话，说得主人乐而给钱为止。春分这天，每家都吃汤圆，还把不用包心的汤圆二三十个煮好后，用细竹叉扦置于室外田边地坎，名曰粘雀子嘴，免得麻雀来破坏庄稼。

四、春分养生

春分时节昼夜、寒暑平分，因此人们在保健养生方面也应注意保持人体的阴阳平衡状态。阴阳平衡，是养生的重要法则，无论是在精神、饮食、起居等方面，还是在自我保健和药物的使用上，都发挥着至关重要的作用。人体应该根据不同时期的阴阳状况，使"内在运动"，就是脏腑、气血、精气的生理运动，与"外在运动"即脑力、体力和体育运动和谐一致，保持平衡。避免不适当运动而破坏人体内外环境的平衡，加速人体某些器官的损伤和生理功能的失调，进而引起疾病的发生，缩短人的生命。

春分节气后，气候温和，雨水充沛，阳光明媚，是调整阴阳平衡的好时机。俗话说："吃了春分饭，一天长一线。"春分以后，人体新陈代谢旺盛，血液循环加快，呼吸消化功能加强，是孩子们长高的最佳时段。

放风筝是一项健身与娱乐相结合的运动，放风筝时需要动用手、腕、肘、臂、腰、腿等各个部位，使全身得到锻炼。从引飞风筝开始，人体各部位都在不停地运动。当风筝上升或倾斜时，就需要奔跑、拉线、左右摆动……这些运动都能使身体的相关部位得到充分舒展。健身专家认为：春分时节，应多走出户外，在阳光明媚、空气清新之处活动身体，而放风筝就是一项符合时宜的健身方式。因为冬天人们久居室内而气血郁积，所以春天来时人们应多进行户外运动，可使气血循环加快，促进人体新陈代谢，有利于人体的健康。

五、春分赏诗

咏二十四气诗·春分二月中

唐·元稹

二气莫交争，春分雨处行。

雨来看电影，云过听雷声。

山色连天碧，林花向日明。

梁间玄鸟语，欲似解人情。

这首诗作的大意是：阴阳二气停止争斗吧，在春分时节，应向雨深处行走。春雨来时，只见忽明忽暗的闪电；乌云来时，可闻轰隆作响的雷声。山色青翠与碧空连绵；林间花儿在日光沐浴下更为妖娆。梁间燕子窃窃私语；似乎要读懂人们复杂的感情。春分节气，花正含苞，柳正吐绿，燕语呢喃，我们应该走出家门，与自然万物共享美好春光。

春分日

宋·徐铉

仲春初四日，春色正中分。

绿野徘徊月，晴天断续云。

燕飞犹个个，花落已纷纷。

思妇高楼晚，歌声不可闻。

诗作大意是：二月初四，正逢春分，春色恰好过了一半。绿色田野，月光徘徊；湛蓝晴空，白云断续。飞燕掠过，伴随着花儿凋落。天色渐晚，楼头思妇凭栏怅望，远处飘来的悲歌，令人黯然伤神。春分时节，春色宜人；但由花团锦簇变为落英纷纷，自然引发伤春的感受。

村 居

清·高鼎

草长莺飞二月天，拂堤杨柳醉春烟。

儿童散学归来早，忙趁东风放纸鸢。

诗作大意是：农历二月，春草将大地披绿，黄莺飞来飞去。杨柳枝条随风轻抚着堤岸，犹如烟雾笼罩。孩子们放了学急忙跑回家，趁着浩荡的东风把风筝放上蓝天。

清明

颜氏家庙碑

月令图　四月图

　　在每年的阳历 4 月 4 日至 6 日之间，太阳到达黄经 15 度，就到了清明节气。清明，春光明媚，草木青青，天气清朗，万物向荣之意。古诗名句"满阶杨柳绿丝烟，画出清明二月天""佳节清明桃李笑""雨足郊原草木柔"等，都是对"清明"时节天地物候的生动描绘。在今天的二十四节气中，清明是唯一的节气兼节日。

一、清明沿革

今天清明节扫墓祭祖、踏青游春的内容，原先是分属于另外两个节日的。前者属于寒食节，后者属于上巳节，后经"三合一"，才形成今天的清明节。

寒食节原是一个重要的节日，有不生火、只吃凉食的习俗。流传很广的说法——寒食节是纪念春秋时介子推而形成的，这种说法在隋唐时期被学者质疑，唐朝人认为"寒食"起源于上古初民的"改火"习俗，并以此为基础，建立起一套新的仪式，对寒食节进行了改造。在中古时期，寒食节的主要内容是扫墓祭祖，一直延续到唐宋两代，从唐朝开始了寒食与清明双节同庆，官方假期三至七天不等。如：韦应物《寒食》诗："清明寒食好，春园百卉开。"辛弃疾词《满江红·暮春》："家住江南，又过了、清明寒食……算年年、落尽刺桐花，寒无力。"在古代，桐花是清明节的标志物（所谓"花信风"），辛弃疾把"花信风"和清明、寒食连在一起咏叹，可见当时寒食与清明已归为一体。

上坟烧纸钱与寒食禁火相矛盾，很不利于祭扫。人们就将祭扫错后两天，到了清明再上坟。于是这种民间行为，逐渐定型。至宋朝以后，上坟祭扫就只提清明不说寒食了。到了明清时代，就用"清明"取代了"寒食"，两个传统节日即"合二为一"了。

在清明前后这个时段，从南到北都是一派春光，自古就有春游传统。早期春游节日定在农历三月上旬的第一个巳日，称作上巳节，俗称"三月三"，是人们聚集在水边饮宴、到郊外游春的节日。孔老夫子理想的美好生活是："暮春者，春服既成，冠者五六人，童子六七人，浴乎沂，风乎舞雩，咏而归。"——就是对上巳节的写实。美好的春光，惬意的郊游，自然少不了男欢女爱的内容。"三月三日天气新，长安水边多丽人""去年今日此门中，人面桃花相映红。人面不知何处去，桃花依旧笑春风。"——就是此情此景的艺术追忆。

到了宋代，为了让人们能够在清明扫墓、踏青，官府特地规定：太学放假三日，武学放假一天。《清明上河图》描绘的就是当时盛世清明的图景。寒食、上巳、清明，三个节日相隔甚近，于是上巳节踏春郊游功能也被清明节一并替代。于是，暮春期间就只剩下"清明"这个重要节日，把祭扫和春游集于一身了。

二、清明农事

清明节有三候：一候桐始华；二候田鼠化为鴽；三候虹始见。这个时节白桐花开放；喜阴的田鼠不见了，鹌鹑开始出现；雨后的天空可以见到彩虹了。

清明是重要的农事节气。从气候层面上看，进入此时节，我国除东北与西北地区外，大部分地区日平均气温已升至12℃，大江南北、长城内外，冰河解冻、大雁北飞，玉兰花、迎春花等相继吐蕊绽开，接着紫荆、樱花、桃花、杏花、梨花等次第开放，争奇斗艳。辛勤的农人则忙着播种希望，珍视着这"一年之计"。"清明前后，种瓜种豆""清明谷雨两相连，浸种耕田莫迟疑"这些农事谚语，正是农人对清明节气极为重视的佐证。

在南方，"梨花风起正清明"，此时已是桃红、柳绿、梨白、菜黄，多种植物已进入展花期，为提高坐果率，进行必要的人工辅助授粉很有必要。而黄淮以南地区的小麦也已进入拔节期，抓紧搞好小麦后期的肥水管理和病虫害防治工作，是丰产的关键。对于早、中稻要抓紧抢晴播种。与此同时，茶树新芽抽长正旺，是采摘中上品的绝好时机。

三、多元交融的清明文化

源远流长的中华清明文化，其魅力和特殊性就体现在多元交融上。

第一，节气与节日的交融。相传清明民俗起于西周时期，史有"周公作时训，定二十四气"之说。在农业节气与民俗节日融合基础上，产生的清明文化丰富多彩，古代诗词中以歌咏清明为题材的作品，其数量远远多于其他节气。

第二，祭扫与春游的交融。唐代白居易《寒食野望吟》诗："乌啼鹊噪昏乔木，清明寒食谁家哭？……冥冥重泉哭不闻，萧萧暮雨人归去。"描写清明扫墓祭祀以缅怀先人的情景。宋元以后，清明上坟与春游就结为一体。人们在慎终追远、虔诚哭祭礼毕之后，即将祭祀酒菜野餐饱食，然后踏青郊游，继往开来，哀往乐回。清人潘荣陛《帝京岁时纪胜》载："清明扫墓，倾城男女，纷出四郊，提酌挈盒，轮毂相望。各携纸鸢线轴，祭扫毕，即于坟前施放较胜。"古人清明放风筝，不仅为游艺，且含象征义，即借放风筝将一冬沉闷之秽气掷高放远，隐含去崇致祥、否极泰来之意。唐人韦应物诗云："清明寒食好，春园百卉开。彩绳拂花去，轻毯度阁来。"就写出清明寒食之际，人们在大好春光里"蹴鞠"（踢皮球）的情景。

第三，游戏与健身的交融。清明时节，除踏青、蹴鞠、放风筝和荡秋千之外，各地风俗各异，如打马球、插柳、折柳、拔河、斗鸡等民俗活动也很盛行。唐人韦庄诗"满街杨柳绿似烟，画出清明三月天。好似隔帘红杏里，女郎缭乱送秋千。"——描摹良辰美景与赏心乐事的相得益彰。宋代理学家程颢《郊行即事》："芳草绿野恣行事，春入遥山碧四周；兴逐乱红穿柳巷，固因流水坐苔矶；莫辞盏酒十分劝，只恐风花一片红；况是清明好天气，不妨游衍莫忘归。"——清明时节踏青探春，连平日正襟危坐的程老夫子都兴致所至，流连忘返。

第四，节日与农事的交融。农谚"春雨贵似油""清明前后一场雨，强如秀才中了举"，就强调了农家对清明雨的重视。古今流传的清明农谚不胜枚举，如"清明前后，种瓜种豆""清明前好种棉，清明后好种豆""清明谷雨紧相连，浸种春耕莫迟延""清明有雨麦苗肥，谷雨有雨好种棉"等。

四、清明赏诗

清　明

唐·杜牧

清明时节雨纷纷，路上行人欲断魂。

借问酒家何处有？牧童遥指杏花村。

江南清明时节细雨纷纷飘洒，路上羁旅行人个个落魄断魂。借问当地之人何处买酒浇愁？牧童笑而不答，遥指杏花深处的村庄。

苏堤清明即事
宋·吴惟信
梨花风起正清明，游子寻春半出城。
日暮笙歌收拾去，万株杨柳属流莺。

　　梨花风起，正是清明节令到来，城里的人半数都出来春游踏青了。黄昏时刻，纵情游乐的人群散去之后，这万树柳影摇曳的美景就留给黄莺来享用了。

曹全碑

于非闇　牡丹图

　　谷雨是二十四节气的第六个节气，每年阳历 4 月 19 日至 21 日之间，太阳到达黄经 30 度时为谷雨，是播种移苗、种瓜点豆的最佳时节。作为春季最后一个节气，谷雨节气的到来意味着寒潮天气基本结束，气温回升加快，有利于谷类农作物的生长。谷雨节气有两个含义：

　　第一个含义——谷雨，顾名思义就是播谷降雨，古人曾有"雨生百谷"之说。"清明断雪，谷雨断霜"，谷雨节气到来，意味着寒潮天气基本结束，气温开始回升，雨水增多，对谷类作物的生长发育很有作用。越冬作物需要雨水，以利返青拔节，春播作物也需要雨水，才能播种出苗。雨水有利于谷类作物生长，故称"谷雨"。

　　第二个含义——据《淮南子》载，"昔者仓颉作书，而天雨粟，鬼夜哭。"黄帝于春末夏初发布诏令，宣布仓颉造字成功，并号召天下臣民共习之。由于仓颉造字功德感天，老天便赐给人间一场谷子雨，以慰劳圣功，这就是现在的谷雨节气。

一、谷雨气候

中国古代将谷雨分为三候："第一候萍始生；第二候鸣鸠拂其羽；第三候戴胜降于桑。"是说谷雨后降雨量增多，浮萍开始生长，接着布谷鸟便开始提醒人们该播种了，然后是桑树上开始见到戴胜鸟了。《月令七十二候集解》："三月中。自雨水后，土膏脉动，今又雨其谷于水也。盖谷以此时播种，自上而下也。"其他古籍记载："清明后十五日，斗指辰，为谷雨，三月中，言雨生百谷清净明洁也。""谷雨，谷得雨而生也。"

谷雨节气后降雨增多，雨生百谷。雨量充足而及时，谷类作物苗壮成长。谷雨时节的南方地区，"杨花落尽子规啼"，柳絮飞落，杜鹃夜啼，牡丹吐蕊，樱桃红熟，自然景物告示人们：时至暮春了。

二、谷雨农事

"雨生百谷"，谷雨前后是农业生产最为繁忙的时节。"清明下种，谷雨下秧"（流行于长江流域）、"清明早，小满迟，谷雨种棉正当时"（流行于黄淮平原）、"谷雨前后，种瓜种豆"（流行于华北平原）……都说明了谷雨前后，各种农事活动的紧迫性。

谷雨到，大江南北，小麦已抽穗，油菜开花。我国自南向北，正是棉花、玉米、春小麦的播种期，各地应抓住"冷尾暖头"天气适时下种。"清明见芽，谷雨见茶"，此时春茶的采制已进入旺季。

自古以来，棉农把谷雨节气作为棉花播种的最佳时刻，编成谚语，世代相传："谷雨前，好种棉""谷雨时节种谷天，南坡北洼忙种棉""谷雨有雨好种棉""棉花种在谷雨前，开得利索苗儿全"等。

谷雨的天气谚语，大部分围绕有雨无雨这个中心，如"谷雨阴沉沉，立夏雨淋淋""谷雨下雨，四十五日无干土"，等等。谷雨农谚："谷雨天，忙种烟""苞米下种谷雨天""谷雨前后，种瓜点豆""谷雨不种花，心头像蟹爬""谷雨麦挑旗，立夏麦头齐""谷雨过三天，园里看牡丹""雷打谷雨前，涝地种瓜甜；雷打谷雨后，涝地种黄豆"。

三、谷雨采茶

所谓谷雨茶，就是谷雨时节采制的春茶，也叫雨前茶，又叫二春茶，滋味鲜活，香气怡人。因为春季温度适中，雨量充沛，加上茶树历经半年冬季的休养生息，春梢芽叶肥硕，色泽翠绿，叶质柔软，富含多种维生素和氨基酸。谷雨茶除嫩芽外，还有一芽一嫩叶的或一芽两嫩叶的；一芽一嫩叶的茶叶泡在水里像古代展开旌旗的枪，被称为旗枪；一芽两嫩叶则像雀类的舌头，被称为雀舌。谷雨茶与清明茶同为一年之中的佳品。一般雨前茶价格比较经济实惠，水中造型好，口感上也不比明前茶逊色，大多的茶客通常都更追捧谷雨茶。唐代陆希声写雨前茶："二月山家谷雨天，半坡芳茗露华鲜。"唐代齐己写新茶："枪旗冉冉绿丛园，谷雨初晴叫杜鹃。" 清代郑板桥写品茗："正好清明连谷雨，一杯香茗坐其间。"

四、谷雨养生

谷雨前后，牡丹盛开，是观赏牡丹最佳时节。清明断雪，谷雨断霜。谷雨宜调养脏器，早睡早起，不宜过度出汗，雨水渐多，防湿邪入侵。保持心情舒畅，心胸开阔，多散步旅游，抒发情怀。

谷雨节气之后降雨增多，空气湿度加大，天气转暖，人们的室外活动增多。北方地区正值桃花、杏花开放；杨花柳絮四处飞扬，过敏体质的朋友应注意防止花粉症及过敏性鼻炎、过敏性哮喘等。在饮食上应减少高蛋白质、高热量食物的摄入。暮春饮食，选择吃些低脂肪、高维生素、高矿物质的食物，比如新鲜蔬菜，包括荠菜、菠菜、香椿等，这些可起到清热解毒、凉血明目、通利二便、醒脾开胃的作用。

五、谷雨民俗

谷雨时节，播谷降雨，樱红蕉绿，牡丹吐蕊，杜鹃夜啼，柳絮翻飞，一派暮春景色。

每年4月20日谷雨节，是山东省荣成市渔民的节日。我国北方沿海一带渔民过谷雨节已有二千多年的历史，到清朝道光年间（1821）易名为渔民节。在谷雨这天，山东沿海渔民祈求海神保佑，出海平安，鱼虾丰收。举行隆重的祭海活动，向海神娘娘敬酒，然后扬帆出海捕鱼。

北方有谷雨食香椿习俗，谷雨前后是香椿上市的时节，这时的香椿醇香爽口，营养价值高，有"雨前香椿嫩如丝"之说。香椿具有提高机体免疫力，健胃、理气、止泻、润肤、抗菌、消炎、杀虫之功效。

　　谷雨前后是牡丹盛开的时日，民间有"谷雨三朝看牡丹"的说法。因而观赏牡丹成为人们应时的娱乐活动。唐诗名句"唯有牡丹真国色，花开时节动京城"，就写出谷雨牡丹艳压群芳、观者如云的盛况。至今，山东菏泽、河南洛阳等地仍举行牡丹花会，供人们游乐聚会。

　　陕西省白水县有谷雨祭祀文祖仓颉的习俗。"谷雨祭仓颉"，是自汉代以来流传千年的民间传统。古代传说由于仓颉造字，老天要重奖他。一天夜里，仓颉正在酣睡，梦中听到有人大喊："仓颉，你想要啥？"仓颉在梦中说："我想要五谷丰登，让天下老百姓都有饭吃。"第二天铺天盖地落下谷粒。仓颉将这件事告诉黄帝，黄帝便把下谷子雨这一天定为谷雨节，每年到了这一天，天下人都欢歌狂舞，感谢上天。陕西白水人把这一天作为祭祀仓颉的节日。

六、谷雨赏诗

咏廿四气诗·谷雨春光晓

唐·元稹

谷雨春光晓，山川黛色青。

叶间鸣戴胜，泽水长浮萍。

暖屋生蚕蚁，喧风引麦葶。

鸣鸠徒拂羽，信矣不堪听。

诗作大意：谷雨时节，破晓春光，温煦明丽；山川被青翠的草木披上了绿装。树叶枝杈之间，戴胜鸟发出清脆鸣叫；泽湖水面浮萍荡漾，一派静谧。暖屋之内，幼蚕咀嚼桑叶；和煦春风吹拂着麦苗。鸣叫的斑鸠，梳理着美丽的羽毛，鸣禽声声令人不忍离去。

浣溪沙·咏樱桃

宋·曾觌

谷雨郊园喜弄晴，满林璀璨缀繁星，筠篮新采绛珠倾。

樊素扇边歌未发，葛洪炉内药初成，金盘乳酪齿流冰。

谷雨时节，雨霁天晴，春阳灿灿，春景无限。樱桃满园，宛如繁星，枝叶之间，樱桃红透，馨香雅致，令人垂涎。在描绘樱桃园美景之后，诗人用樊素口吻状其形，用葛洪丹炉摹其色，用乳酪流冰喻其味，全方位地赞颂樱桃果实之美。

夏

立夏・小满・芒种・夏至・小暑・大暑

立夏

麓山寺碑

月令图 五月图

立夏是夏季第一个节气，在每年阳历 5 月 5 日或 6 日。此时太阳黄经为 45 度，气温明显升高，雷雨增多是农作物生长旺季，可谓万物生长，欣欣向荣。

"立夏"的"夏"是"大"的意思，是指春天播种的植物已经直立长大了。

早在周朝就有迎夏的习俗，在立夏的前三天，太史禀报天子说："某日立夏，大德在火。"天子就洁身斋准备迎夏。立夏那天，天子亲率三公九卿大夫到京城南郊迎接夏的来临。回来后，赏赐诸侯百官，令乐师奏乐令太尉引荐勇武、推荐贤良，并令主管田野山林的官吏巡行天地平原，慰劳勉励农民抓紧耕作。天子在农官上新麦时，到宗庙举行尝新麦的礼仪。民间也在"立夏"之日"供神祭先"，表达对丰收的企求和美好的愿望

一、立夏气候

在天文学上，立夏表示即将告别春天，是夏天的开始。《逸周书·时讯解》云："立夏之日，蝼蝈鸣。又五日，蚯蚓出。又五日，王瓜生。"在立夏这个节气的十五天里，首先在田间能听到蝼蝈的鸣叫声，接着可看到蚯蚓掘土，然后看到王瓜的蔓藤快速攀爬生长。"蝼蝈鸣"——提醒人们防止农业害虫的危害，确保秋季五谷丰登。"蚯蚓出"——表示天气渐热，地温升高。"王瓜生"——王瓜又名为土瓜，属葫芦科，是多年生的攀缘草本植物，分布于我国浙江、江苏、湖北等地。人们发现野生的王瓜，每年到立夏节气就迅速生长。

按现代气候学的解释，连续五天平均气温高于22℃始为夏季。但是，我国幅员辽阔，南北气候差异很大。立夏前后，只有福州到南岭一线以南地区才算真正进入夏季；而北方大多数地区，如东北、西北部分地区，这时刚刚踏入春季。华北平原、黄淮平原、长江中下游地区日平均气温多在18℃–20℃之间波动。

二、立夏农事

立夏时节，万物繁茂，夏收作物进入生长后期，冬小麦扬花灌浆，油菜接近成熟，夏收作物年景基本定局。水稻栽插以及其他春播作物的管理也进入了大忙季节。立夏前后，华北、西北等地气温回升很快，但降水不多，加上多风，蒸发强烈，大气干燥和土壤干旱会严重影响农作物的正常生长。尤其是小麦灌浆乳熟前后的干热风更是导致减产的重要灾害性天气，适时灌水是抗旱防灾的关键措施。"立夏三天遍地锄",这时杂草生长很快,"一天不锄草,三天锄不了"。中耕锄草不仅能除去杂草,抗旱防渍,又能提高地温,加速土壤养分分解,对促进棉花、玉米、高粱、花生等作物苗期健壮生长也有十分重要的作用。

此外,立夏节气后,危害庄稼的冰雹灾害会开始出现并渐多起来,所以田间管理要注意防冰雹灾害。立夏农谚——"立夏麦龇牙,一月就要拔""立夏麦咧嘴,不能缺了水""立夏天气凉,麦子收得强""小麦开花虫长大,消灭幼虫于立夏""清明秫秸谷雨花,立夏前后栽地瓜""季节到立夏,先种黍子后种麻"等,都是多年经验的总结。

三、立夏民俗

江南地区有"立夏见三新"的民谚。清代苏州文人顾禄的《清嘉录》云:"立夏日,家设樱桃、青梅、麦,供神享先,名曰立夏见三新。"所谓"三新",指樱桃、青梅和麦仁;也指竹笋、樱桃、梅子;或竹笋、樱桃、蚕豆。所谓"供神享先"的"神"指民间信仰中的神灵,"先"指祖先。表示有了新的收获,首先献给神灵与祖先享用。

立夏以后,天气渐热,危害庄稼的冰雹灾害会开始出现并渐多起来。于是,古时又有立夏日于郊野祭禳雹神之俗,以祈消去雹灾获取丰收。如《高阳县志》云:"立夏节,置备祭品,并备墨鱼一尾,面饼一张,赴郊外十字路口旁,将鱼与饼埋于地下,祭祀雹神,祈免雹灾。"

另外，立夏以后，暑热日盛，人们常出现身体不适，或消瘦，或食欲不振，或睡眠不佳，或整日昏昏欲睡、气虚神倦、乏力等"疰夏"症状。因而，千百年来，各地还形成了在"立夏"日靥夏的习俗，以祈免受疰夏之苦。"立夏吃鸡蛋"的习俗由来已久。俗话说："立夏吃了蛋，热天不疰夏。"古人认为，鸡蛋溜圆，象征生活圆满，立夏日吃鸡蛋能祈祷夏日平安。还有吃"立夏饭"的习俗，即用白米加赤豆、黄豆、黑豆、青豆、绿豆煮成"五色饭"食用。取五谷丰登，保四季健康之寓意。

民间有立夏日称体重的习俗。清末钟毓龙《说杭州》：立夏日悬大秤"称人"，"男女老少，除有孕者外，皆须以秤称之，计其轻重，以与去岁比较其肥瘠。"立夏吃罢中饭，人们在村口挂起一杆大木秤，秤钩悬一张凳子，大家轮流坐到凳子上面称人。司秤人一面打秤花，一面讲着吉利话。称老人要说"秤花八十七，活到九十一"。称姑娘说"一百零五斤，员外人家找上门。勿肯勿肯偏勿肯，状元公子有缘分。"称小孩则说"秤花一打二十三，小官人长大会出山。七品县官勿犯难，三公九卿也好攀"。旧时于立夏日称体重，至立秋时重称一次，以验胖瘦，现各地仍见流行。

江西一带还有立夏饮茶的习俗，说是不饮立夏茶，会一夏苦难熬。明代杭州一带有烹制新茶，配以各色果品馈赠亲友、邻里的习俗，名为"七家茶"。

四、立夏养生

立夏后，天气渐热，有利于心脏的生理活动，但应注意心脏的养护。夏季与心气相通，"顺四时"是养生的重要原则。一、晚睡早起加午休；二、保持精神安静；三、运动后宜洗温水澡；四、饮食清淡可养心。进入夏季温度高，注意讲卫生，搞好环境卫生和防疫，预防传染病。生吃瓜果要洗净，经常吃点蒜。避免阳光暴晒，多洗澡。睡好午觉，盛夏不要贪凉，睡觉宜避风，不要露宿。防止中暑，及时补充水分、盐分和维生素。

五、立夏赏诗

闲居初夏午睡起

宋·杨万里

梅子留酸软齿牙，芭蕉分绿与窗纱。

日长睡起无情思，闲看儿童捉柳花。

梅子味道很酸，吃过之后，余酸还残留在牙齿之间；芭蕉初长，而绿阴映衬到纱窗上。春去夏来，日长人倦，午睡后起来，情绪无聊，闲着无事观看儿童戏捉空中飘飞的柳絮。选用梅子、芭蕉、柳花等物象来表现初夏时令特点。抒发了恬静闲适的心境和对乡村生活的喜爱。

杜牧書張好好詩

吴昌硕　石榴花端阳清赏

　　小满是夏季第二个节气，在每年阳历的 5 月 20 日至 22 日之间，此时太阳黄经为 60 度。"小满"是反映生物受气候变化影响而生长发育现象的节令。其意思是：自然界的植物至此比较茂盛、丰满了，以麦类为主的夏收作物的籽粒逐渐饱满，但尚未到最饱满的时候。《月令七十二候集解》曰："四月中，小满者，物至于此小得盈满。"就是说大麦、冬小麦等夏熟作物的籽粒渐渐长大开始灌浆饱满，但尚未到成熟的程度，只是小满，还未大满。

　　对小满的"满"的词义解释，除了"麦粒生长饱满"之外，还有另一种解释，就是"河水涨满的满"。到了小满节气，江南地区水源充足，江河湖泊都已涨满，如果江河湖水没有涨满，那就是赶上了干旱少雨年。这方面的谚语很多，如在安徽、江西、湖北三省有"小满不满，无水洗碗"的说法；在广西、四川、贵州等地区有"小满不满，干断田坎"的农谚；在四川省还有"小满不下，犁耙高挂"之说。这里的"满"字，不是指作物颗粒饱满，而是雨水多的意思。

一、小满气候

我国古代将小满节气分为三候："一候苦菜秀；二候靡草死；三候麦秋至。"是说在小满节气里，苦菜枝叶繁茂；喜阴的一些枝条细软的草类在强烈的阳光照射下开始枯死；此时麦子开始成熟。《月令》："麦秋至，在四月；小暑至，在五月。小满为四月之中气，故易之。秋者，百谷成熟之时，此于时虽夏，于麦则秋，故云麦秋也。"

从气候学意义上衡量，一年一度的夏季，自此全面拉开。而此时，南方大部分地区由于雨水相对较多，空气湿度较高，体现出的气候特点一是闷热，二是潮湿。

从小满节气开始，全国各地逐渐进入夏季，南北地区的温差进一步缩小，降水进一步增多，容易有暴雨、雷雨大风、冰雹等强烈天气出现。小满以后，黄河以南到长江中下游地区开始出现35℃以上的高温天气，有关部门和单位的防暑工作，自此拉开序幕。

二、小满农事

中国北方夏熟作物子粒逐渐饱满，早稻开始结穗，而在南方开始进入夏收夏种季节。南方地区，"小满大满江河满"反映了这一地区降雨多、雨量大的气候特征。一般来说，此时北方冷空气如深入到我国较南的地区，而且南方暖湿气流也强盛的话，就很容易在华南一带造成暴雨或特大暴雨。因此，小满节气的后期往往是这些地区防汛的紧张阶段。

对于长江中下游地区来说，如果这个阶段雨水偏少，可能是太平洋上的副热带高压势力较弱，位置偏南，意味着到了黄梅时节，降水可能就会偏少。因此有民谚说"小满不下，黄梅偏少""小满无雨，芒种无水""小满不满，干断田坎""小满不满，芒种不管"，等等。把"满"用来形容雨水的盈缺，指出小满时田里如果蓄不满水，就可能造成田坎干裂，甚至芒种时也无法栽插水稻。"立夏小满正栽秧""秧奔小满谷奔秋"，可见小满正是适宜水稻栽插的时节。

农谚："小满小满，麦粒渐满""小满青粒硬，收成方可定""小满不满，干断田坎""小满天天赶，芒种不容缓""立夏小满正栽秧""秧奔小满谷奔秋"等昭示：小满是农活异常繁忙的节令。

三、小满民俗

在小满时节，民间流传习俗"祭三车"，即水车、油车和丝车。人们的耕种和生活可离不开这三车。为祈求风调雨顺、日子红火，人们在小满这一天就会祭三车。传说管水车的"车神"为白龙，农家在车水前于车基上置鱼肉、香烛等祭拜之，特殊之处为祭品中有白水一杯，祭时泼入田中，有祝水源涌旺之意。这个旧俗表明了农民对水利排灌的重视。

我国江浙一带，农村养蚕极为兴盛，蚕是娇养的"宠物"，很难养活。气温、湿度，桑叶的冷、熟、干、湿等均影响蚕的生存。由于蚕难养，古代把蚕视作"天物"。在小满期间有祈蚕节。相传蚕神就是在小满这天诞生的。没有固定的日期，各家在哪一天放蚕就在哪一天举行。但前后相差不过两三天。养蚕人家会到"蚕娘庙""蝉神庙"供上水果、美酒、丰盛的菜肴进行跪拜，尤其是要把用面制成的"面茧"放在用稻草扎成的稻草山上，以祈求蚕茧丰收。

在关中地区，每年麦子快要成熟的时候，出嫁的女儿都要到娘家去探望，问候夏收的准备情况。这一风俗叫作"看麦梢黄"。女婿和女儿如同过节一样，携带礼品如油炸馍、黄杏、黄瓜等，去慰问娘家父母，询问娘家的麦收准备情况。而后，母亲再探望女儿，关心女儿的操劳情况。

四、小满养生

小满后，我国大部分地方高温、多雨，体内湿气增加，情绪更易烦躁，汗液排泄加快，中医认为"气随汗脱"，因此阳气会受损。此时需根据气温变化，增减衣物。保持心境良好，多做户外锻炼，利于调节情志。小满时节，万物繁茂，生长最旺盛，人体的生理活动也处于最旺盛的时期，消耗的营养物质为二十四节气中最多，所以，应及时适当补充营养，才能使身体五脏六腑不受损伤。另外，小满是皮肤病高发期。春夏之交，易生风疹，应提前预防。宜以清爽清淡的素食为主，常吃具有清理湿热作用的食物。

五、小满赏诗

归田园四时乐二首其二（节选）

宋·欧阳修

南风原头吹百草，草木丛深茅舍小。

麦穗初齐稚子娇，桑叶正肥蚕食饱。

老翁但喜岁年熟，饷妇安知时节好。

南风吹动原野上的百草，在草木丛深处可以见到那小小的茅舍。近处麦田嫩绿的麦穗已抽齐，在微风中摆动时像小孩子那样摇头晃脑；桑树叶长得肥壮可供蚕吃饱。对于农家翁媪来说，他们盼望的是收成如何，为丰年而高兴，至于田园美景和时节的美好，他们根本无暇顾及。

小满

宋·欧阳修

小满天逐热，温风沐麦圆。

园中桑树壮，棚里菜瓜甜。

雨下雷声震，莺歌情语传。

旱灾能缓解，百姓盼丰年。

小满节气，声声布谷，层层麦浪，缕缕麦香。大自然的雷雨艳阳伴随着暖风雨水，催促着小麦拔节、抽穗、扬花、结籽。农家的桑园、菜棚、麦田，都充满了生命的活力。在日渐鼓胀的麦穗里，麦浆发酵着香甜的滋味。小满伴随着农家丰收的热望，浸染在温馨的麦香里。

乡村四月

宋·翁卷

绿遍山原白满川，子规声里雨如烟。

乡村四月闲人少，才了蚕桑又插田。

绿草遍园、白水绕川，子规声声，烟雨迷蒙，有声有色地勾勒出水乡初夏特有的景色。刚在室内整好蚕桑，接着就下田插秧，"乡村四月"的农事，何等的紧张而繁忙，但又充满了憧憬和热望……

芒種

泉男生誌

月令图 六月图

　　芒种是入夏后的第三个节气，在每年阳历6月6日前后，此时太阳黄经为75度。《月令七十二候集解》对芒种的解释："五月节。谓有芒之种谷可稼种矣。"意指大麦、小麦等到有芒作物种子已经成熟，抢收十分急迫。另外，晚谷、黍、稷等夏播作物也正是播种最忙的季节，故又称"芒种"，也称为"忙种"，是农民播种、下地最为繁忙的时机。农谚："春争日，夏争时"，这"争时"即指这个时节的收种农忙。人们常说"三夏"大忙时节即指忙于夏收、夏种和春播作物的夏管。芒种节气，就是农业最繁忙的大忙时节，农民开始"忙夏"。

　　芒种也是种植农作物时机的分界点，由于天气炎热，已进入典型的夏季，农业种植以这一时节为界，因为错过了芒种节气，再种植农作物，其成活率就越来越低了。农谚"芒种忙忙种"说的就是这个道理。芒种时节，长江中下游地区将进入多雨的黄梅时节。梅雨之后，由于高温，旱情将在此时出现。

一、芒种气候

古代将芒种分为三候："一候螳螂生；二候鵙始鸣；三候反舌无声。"在这一节气中，螳螂在上一年深秋产的卵因感受到阴气初生而破壳生出小螳螂；喜阴的伯劳鸟开始在枝头出现，并且感阴而鸣；与此相反，能学其他鸟鸣叫的反舌鸟，却因感应到了阴气的出现而停止了鸣叫。芒种时节雨量充沛，气温显著升高。常见的天气灾害有龙卷风、冰雹、大风、暴雨、干旱等。

二、芒种农事

芒种时节，黄淮平原即将进入雨季，若遇连阴雨天气及暴风、冰雹等恶劣的天气，将影响小麦不能及时收割、脱粒和贮藏，导致麦株倒伏、落粒、穗上发芽霉变等，使眼看到手的庄稼毁于一旦。

芒种时节，水稻、棉花等农作物生长旺盛，需水量多，正常的梅雨天气对农业生产有利；而梅雨过迟或梅雨过少甚至"空梅"的年份，将使作物受到干旱的威胁。但若梅雨过早，雨日过多，长期阴雨寡照，对农业生产也会产生不良影响，雨量过于集中或暴雨还会造成洪涝灾害。西南地区从6月份始进入多雨季节，冰雹天气开始增多。

气象谚语——"芒种火烧天，夏至雨涟涟""芒种火烧天，夏至水满田""芒种日晴热，夏天多大水""芒种南风扬，大雨满池塘""芒种刮北风，旱情会发生""芒种夏至是水节，如若无雨旱连天""芒种打雷年成好"等。

农事谚语——"芒种芒种，连收带种""夏种无早，越早越好""夏种晚一天，秋收晚十天""栽秧割麦两头忙，芒种打火夜插秧""芒种有雨豌豆收，夏至有雨豌豆丢"等。

关于芒种麦收的谚语数量很多，例如"芒种忙，麦上场""麦收有三怕：雹砸、雨淋、大风刮""麦熟九成动手割，莫等熟透颗粒落""麦收时节停一停，风吹雨打一场空""麦子入场昼夜忙，快打快扬快入仓"等。

三、芒种养生

由于我国地域辽阔，同一节气的气候特征也有差异。如长江中下游地区，进入连绵阴雨的梅雨季节，空气十分潮湿，天气异常湿热，各种衣物器具极易发霉，这种天气叫作"黄梅天"。

夏季气温升高，空气中的湿度增加，体内的汗液无法通畅地发散出来，即热蒸湿动，湿热弥漫空气，使人感到四肢困倦，萎靡不振。因此，在芒种节气里要注意增强体质，避免季节性疾病和传染病的发生，如中暑、腮腺炎、水痘等。在精神调养上，应使精神保持轻松、愉快的状态。要晚睡早起，适当地接受阳光照射（避开太阳直射，注意防暑），以顺应阳气的充盛，利于气血的运行，振奋精神。夏日昼长夜短，中午小憩可助恢复疲劳，有利于健康。午时天热，易出汗，衣衫要勤洗勤换。为避免中暑，要常洗澡，使皮肤疏松，使"阳热"易于发泄。

四、芒种民俗

安苗祭祀——皖南农事习俗活动，始于明初。每到芒种时节，种完水稻，为祈求秋天有个好收成，各地都要举行安苗祭祀活动。家家户户用新麦面蒸发包，把面捏成五谷六畜、瓜果蔬菜等形状，然后用蔬菜汁染上颜色，作为祭祀供品，祈求五谷丰登、村民平安。

打泥巴仗——贵州东南部一带的侗族青年男女，每年芒种前后都要举办打泥巴仗节。当天，新婚夫妇由要好的男女青年陪同，集体插秧，边插秧边打闹，互扔泥巴。活动结束，检查战果，身上泥巴最多的，就是最受欢迎的人。

食梅——在南方，每年五、六月是梅子成熟的季节，有"望梅止渴""青梅煮酒论英雄"的典故。青梅含有多种天然优质有机酸和丰富的矿物质，具有净血、整肠、降血脂、消除疲劳、美容、调节酸碱平衡、增强人体免疫力等独特营养保健功能。但是，新鲜梅子大多味道酸涩，难以直接入口，需加工后方可食用。

五、端午津俗

农历五月初五，俗称"端午"。民国诗人冯文洵《丙寅天津竹枝词》写道："门悬蒲艾饰端阳，九子盘堆角黍香。更为儿童避虫蚁，额间王字抹雄黄。""下绷收拾绣鸳鸯，节近天中分外忙，五色丝悬长命缕，葫芦样检女儿箱。"所谓"长命缕"，俗称"老虎搭拉"，是在端午节专为孩子辟邪用的家庭手工制品。——插艾蒲、饮雄黄、挂香囊、禳灾异，属于原始卫生防疫，源于古越人图腾祭祀。现如今，随着城市环境卫生和个人卫生的大幅度改善，这些习俗都不复存在了。

津门端午另一项重要活动是赛龙舟。清嘉庆诗人樊斌《津门小令》记载："津门好，誉美小江南。为吊屈原溺于水，龙舟恰似箭离弦，竞渡奔向前。"清道光文人麟庆《鸿雪因缘图记》："在三岔河口两岸迤北有望海楼……余过楼下，见龙舟旗帜翱翔，游舫笙歌来往，虽稍逊吴楚之风华，而亦饶存竞渡遗意。"

六、芒种赏诗

观刈麦（节选）

唐·白居易

田家少闲月，五月人倍忙。

夜来南风起，小麦覆陇黄。

妇姑荷箪食，童稚携壶浆，

相随饷田去，丁壮在南冈。

足蒸暑土气，背灼炎天光，

力尽不知热，但惜夏日长。

农家很少有空闲的月份，五月到来就更加繁忙。夜里刮起南风，覆盖田垄的小麦已成熟发黄。妇女们担着盛饭的竹篮，孩子手提壶装的水，相互跟随着到田间送饭，割麦的男人在村南的坡冈。双脚受地面热气的熏蒸，脊梁上晒烤着炎热的阳光。尽管精疲力竭但仿佛不知天热，只是珍惜这夏日的天长。这首诗作细致地描写了农家数口人，在芒种节气抢收小麦艰苦劳作的场景。

夏至

孟法师碑

高凤翰　荷花图

　　夏至在夏季六个节气里排行第四，在每年阳历 6 月 21 或 22 日。此时太阳黄经为 90 度，太阳直射北回归
北半球到了炎热的夏季，而南半球却正值隆冬。

　　夏至在二十四节气中，是最早被确定的。早在公元前七世纪，先人采用土圭测日影，确定了夏至。明
代的历书《恪遵宪度抄本》云："日北至，日长之至，日影短至，故曰夏至。至者，极也。"是说在夏至这
太阳直射地面的位置到达一年的最北端，直射北回归线。夏至以后，太阳直射地面的位置逐渐南移，北半球
白昼日渐缩短。故而民间有"吃过夏至面，一天短一线"的说法。

一、夏至气候

《礼记》记载了在夏至节气里，某些动植物发生的明显变化："夏至到，鹿角解，蝉始鸣，半夏生，木槿荣。"这是说，到了夏至节令，阴气生而阳气始衰，鹿角开始脱落；雄性的知了在夏至后鼓翼而鸣；半夏和木槿这两种植物开始繁盛开花。半夏是一种喜阴的草药，因在仲夏的沼泽地或水田中出生而得名。由此可见，在炎热的仲夏，一些喜阴的生物开始出现，而阳性的生物却开始衰退了。

夏至时天渐炎热，但尚未到达最热时节。夏至后气温持续升高，对流天气频现，常见雷阵雨。夏至午后至傍晚常会形成雷阵雨，骤来疾去，变幻莫测。唐人刘禹锡诗句"东边日出西边雨"，就是对雷阵雨天气的生动描写。

民间把夏至后的15天分成三个时段，第一时段3天，第二时段5天，第三时段7天。在此期间，我国大部分地区气温较高，日照充足，作物生长很快，生理和生态需水均较多。此时降水对农业产量影响很大，有"夏至雨点值千金"之说。夏至正处梅雨季节，农民们希望这时能够下足雨，以保障秋季丰收。宋人苏辙《五月十九日夏至喜雨》就表达了这一愿望："一旱经春夏已半，好雨通宵晓未收。气爽暂令多病喜，来迟未解老农忧。"

二、夏至农事

夏至时节各种农田杂草和庄稼并生速长，不仅与作物争水争肥争阳光，而且是多种病菌和害虫的寄生物，因此农谚说："夏至不锄根边草，如同养下毒蛇咬。"抓紧中耕锄地是夏至时节重要的增产措施之一。棉花一般已经现蕾，营养生长和生殖生长两旺，要注意及时整枝打杈，中耕培土，雨水多的地区要做好田间清沟排水工作，防止涝渍和暴风雨的危害。

关于夏至的农谚有"夏至棉田草，胜过毒蛇咬""进入夏至六月天，黄金季节要抢先""夏至时节天最长，南坡北洼农夫忙。玉米夏谷快播种，大豆再拖光长秧。早春作物细管理，追浇勤锄把虫防。夏播作物补定苗，行间株间勤松榜。青蛙捕虫功劳大，人人保护莫损伤。"

三、夏至养生

夏至时节正是江淮一带的梅雨季节，家中器物发霉，人体亦觉不适，蚊虫繁殖增速，肠道性病菌繁殖活跃。这时更应注意饮水洁净，尽量不吃生冷食物，以免传染病的发生和传播。

夏至后不久即将进伏，由于气温炎热，人们食欲往往不振，比常日消瘦，俗称"苦夏"。到了夏至这天，北方各地人们普遍吃面条。天津人喜欢吃麻酱花椒油捞面，多加黄瓜丝做菜码，俗称过水面，可降火开胃。

夏至之后，宜食清淡食物，以祛暑益气、生津止渴、增进食欲。气温逐渐升高，人体出汗量随之增加，因此人体需水量增大，应喝绿豆汤、淡盐水等以增加饮水量。另外，夏日炎炎往往使人心烦意乱。夏季心理调节尤为重要，俗话说"心静自然凉"，在炎热夏季，多静坐，除杂念，忌烦躁，注意休息，以调节精神。

四、夏至九九歌谣

我国农历有"冬九九"和"夏九九"之说。"冬九九"流传很广，以冬至为起点，每九天为一个单元，冬季共九九八十一天。其中的三九、四九最为寒冷。"夏九九"以夏至为起点，也是每九天为一个单元，夏季也是九九八十一天。其中第三个和第四个"九"，是全年最炎热的日子。

北方农村流传《夏九九》歌谣："一九至二九，扇子不离手；三九二十七，冰水甜如蜜；四九三十六，汗湿衣服透；五九四十五，树头清风舞；六九五十四，乘凉莫太迟；七九六十三，夜眠要盖单；八九七十二，当心莫受寒；九九八十一，家家找棉衣。"南方城镇流传《夏至九九歌》："夏至入头九，羽扇握在手。二九一十八，脱冠着罗纱。三九二十七，出门汗欲滴。四九三十六，卷席露天宿。五九四十五，炎秋似老虎。六九五十四，乘凉进庙祠。七九六十三，床头摸被单。八九七十二，子夜寻棉被。 九九八十一，开柜拿棉衣。"二者大同小异，但"夏九九"歌谣远不及"冬九九（一九二九不出手）"那样广泛流传。

五、夏至民俗

"冬至饺子夏至面"，民间认为，夏至是计算暑天的开端，商号及商人家庭要在这天吃捞面。京津两地市民在夏至这天也讲究吃捞面，各家面馆人气很旺，无论炸酱面、打卤面、麻酱面，还是山西抻条面、兰州牛肉面、四川担担面，都很畅销。

旧时，在浙江绍兴地区，人们不分贫富，夏至日皆祭其祖，俗称"做夏至"，除常规供品外，特加一盘蒲丝饼。绍兴地区龙舟竞渡因气候故，明清以来多不在端午节，而在夏至，此风俗至今尚存。夏至这天，无锡人早晨吃麦粥，中午吃馄饨，取混沌和合之意。有谚语说："夏至馄饨冬至团，四季安康人团圆。"吃过馄饨，为孩童称体重，希望孩童体重增加更健康。

漠河县是中国纬度最高的县份，在夏季产生极昼现象，每年夏至前后的9天中，即6月15日—25日，是旅游观光的最佳季节。自1989年以来，漠河县把"夏至"定为旅游节，主要在西林吉镇及北极村进行。每当夏至到来，便有数万人到北极村欢度夏至节。

夏至吃狗肉和荔枝，是岭南人的"专利"。据说夏至日的狗肉和荔枝合吃不热，有"冬至鱼生夏至狗"之说。俗语"吃了夏至狗，西风绕道走"，是说夏至这天吃了狗肉，可大补元气，能抵御西风恶雨的入侵，少感冒，身体好。

六、夏至赏诗

夏至避暑北池

唐·韦应物

昼晷已云极，宵漏自此长。

未及施政教，所忧变炎凉。

公门日多暇，是月农稍忙。

高居念田里，苦热安可当？

亭午息群物，独游爱方塘。

门闭阴寂寂，城高树苍苍。

绿筠尚含粉，圆荷始散芳。

于焉洒烦抱，可以对华觞。

诗作描写夏至时令人们生活的变化：白昼变短，黑夜变长；官府少事，农夫最忙。诗人闭门避暑，欣赏竹荷风光，举杯以消忧。

状江南·孟夏

唐·贾弇

江南孟夏天，慈竹笋如编。

蜃气为楼阁，蛙声作管弦。

进入夏季，慈竹长得密集而有序，远望云气如楼阁，幻如仙境，耳边有青蛙奏乐，眼前的夏至景物，令人神摇目眩！

小暑

鴈墻聖教序

月令图　七月图

　　小暑，是二十四节气中第十一个节气，为夏季第五个节气，在每年阳历7月7日或8日，此时太阳□□为105度。小暑日"斗指辛为小暑，斯时天气已热，尚未达于极点，故名也"。暑，即炎热之意，小暑为□□指天气已经很热，但还没有到达最热的时候，所以叫小暑。

一、小暑气候

我国古代将小暑分为三候："一候温风至；二候蟋蟀居宇；三候鹰始鸷。"小暑时节，大地上便不再有一丝凉风，而是所有的风中都带着热浪；《诗经·七月》中描述蟋蟀的字句有"七月在野，八月在宇，九月在户，十月蟋蟀入我床下。"文中所说的八月即是夏历的六月，即小暑节气的时候，由于炎热，蟋蟀离开了田野，到庭院的墙角下以避暑热；在这一节气中，老鹰因地面气温太高，而在清凉的高空中活动。

小暑气候有两大标志，一是"出梅"，二是"入伏"。所谓"出梅"，即指小暑时节，江淮流域梅雨天气即将结束，盛夏开始。所谓"入伏"，指气温升高，进入伏天，即伏旱期。"伏"即伏藏的意思，所以人们应当少外出以避暑气。此时，华北地区和东北地区，进入多雨季节，热带气旋活动频繁，登陆我国的热带气旋开始增多。小暑后，全国的农作物都进入了苗壮成长阶段，需加强田间管理。更为重要的是，南方应注意抗旱，北方须注意防涝。

三伏天出现在小暑和立秋之中，是一年中气温最高且又潮湿、闷热的日子。所谓的"伏天儿"，就是指农历"三伏天"，即一年当中最热的一段时间。"伏"就是天气太热了，宜伏不宜动。三伏是中原地区在一年中最热的三四十天，三伏是按农历计算的，大约处在阳历的7月中下旬至8月上旬间。

时至小暑，已是初伏前后，到处绿树浓阴，很多地区的平均气温已接近30℃，时有热浪袭人之感，暴雨也时常在小暑节气光顾我国的大部分地区。由于这段时间的雨量集中，所以防洪防涝显得尤为重要，有农谚："大暑小暑，灌死老鼠"之说。更有"小暑南风，大暑旱""小暑打雷，大暑破圩（堤岸）"的经验总结。小暑若是吹南风，则大暑时必定无雨，就是说小暑最忌吹南风，否则必有大旱；小暑日如果打雷，必定有大水冲决圩堤。

小暑前后，中国南方大部分地区各地进入雷暴最多的季节。雷暴是一种剧烈的天气现象，常与大风、暴雨相伴出现，有时还有冰雹，容易造成灾害。

二、小暑农事

小暑前后，除东北与西北地区收割冬、春小麦等作物外，农业生产上主要是忙于田间管理。早稻处于灌浆后期，早熟品种在大暑前就要成熟收获，更要保持田间的适中水分。中稻已拔节，进入孕穗期，应根据长势追施穗肥，促穗大粒多。大部分棉区的棉花开始开花结铃，生长最为旺盛，在重施花铃肥的同时，要及时整枝、打杈、去老叶，以协调植株体内养分分配，增强通风透光，改善群体小气候，减少蕾铃脱落。盛夏是蚜虫、红蜘蛛等多种害虫盛发的季节，适时防治病虫是田间管理的又一重要环节。

小暑开始，江淮流域梅雨先后结束，我国东部淮河、秦岭一线以北的广大地区降水明显增加，且雨量比较集中；而长江中下游地区则高温少雨，常出现的伏旱对农业生产影响很大，及早蓄水防旱显得十分重要。农谚说："伏天的雨，锅里的米"，这时出现的雷雨、热带风暴或台风带来的降水虽对水稻等作物生长十分有利，但有时也会给棉花、大豆等旱作物及蔬菜造成不利影响。

三、小暑食俗

民间有小暑"食新"的习俗。入伏之时，刚好是我国小麦生产区麦收不足一个月的时候，家家麦满仓，而到了伏天人们精神委顿，食欲不佳，饺子却是传统食品中开胃解馋的佳品，所以人们用新磨的面粉包饺子，或者吃顿新白面做的面条，就有了"头伏饺子二伏面，三伏烙饼摊鸡蛋"的说法。据考证，伏日吃面习俗出现在三国时期。《魏氏春秋》记载："伏日食汤饼，取巾拭汗，面色皎然"，这里的汤饼就是热汤面。伏天还可吃过水面、炒面。过水面，就是将面条煮熟用凉水过出，拌上蒜泥，浇上卤汁，不仅味道鲜美，而且可以"败心火"。徐州人入伏吃羊肉，称吃伏羊。这种习俗可上溯到尧舜时期，在民间有"彭城伏羊一碗汤，不用神医开药方"之说法。

四、小暑养生

小暑是人体阳气最旺盛的时候，"春夏养阳"。所以人们在工作劳动之时，要注意劳逸结合，保护人体的阳气。民间有"小暑大暑，上蒸下煮"之说。小暑正是民间繁忙的时候，大部分地区处在忙于夏秋作物的田间管理。气候炎热，人体出汗多，消耗大，再加之劳累，更不能忽略对身体的养护。

民间有"冬不坐石，夏不坐木"的说法。小暑后，气温高、湿度大，久置露天木料，如椅凳等，经过露打雨淋，含水分较多，表面看上去是干的，可是经太阳一晒，温度升高，便会向外散发潮气，在上面坐久了，能诱发痔疮、风湿和关节炎等疾病。所以，尤其是中老年人，一定要注意不能长时间坐在露天放置的木料上。

当小暑之季，气候炎热，人易感心烦不安，疲倦乏力，在自我养护和锻炼时，我们应按五脏主时，夏季为心所主而顾护心阳，平心静气，确保心脏机能的旺盛，以符合"春夏养阳"之原则。心为五脏六腑之主，一切生命活动都是五脏功能的集中表现，而这一切又以心为主宰，有"心动则五脏六腑皆摇"之说，心神受损又必涉及其他脏腑。故夏季养生重点突出"心静"二字就是这个道理。

五、小暑赏诗

夏日南亭怀辛大

唐·孟浩然

山光忽西落，池月渐东上。

散发乘夕凉，开轩卧闲敞。

荷风送香气，竹露滴清响。

欲取鸣琴弹，恨无知音赏。

感此怀故人，中宵劳梦想。

诗作大意是：夕阳忽然间落下了西山，东边池角明月渐渐东上。披散头发今夕恰好乘凉，开窗闲卧多么清静舒畅。清风徐徐送来荷花幽香，竹叶轻轻滴下露珠清响。心想取来鸣琴轻弹一曲，只恨眼前没有知音欣赏。感此良宵不免怀念故友，只能在夜半里梦想一场。这首诗描绘了夏夜乘凉的悠闲自得，抒发了诗人对老友的怀念。写景状物细腻入微，语言流畅自然，诗味醇厚，意韵盎然，给人一种清闲之感。

纳 凉

宋·秦观

携杖来追柳外凉，画桥南畔倚胡床。

月明船笛参差起，风定池莲自在香。

挂着拐杖来到柳荫下乘凉，画桥南畔依靠着午睡的床。朗月之下，闻听船上笛声四起，微风掠过池塘，送来缕缕荷香。诗以"纳凉"为题，在酷暑天气背景下，能觅得绝离烦热的幽境，何等惬意和满足，尽在不言之中也。

大暑

歐陽詢行書千字文

蒋廷锡 蜀葵萱花图

大暑是二十四节气中第十二个节气，也是夏季最后一个节气，在每年阳历7月22日至24日之间，此时太阳黄经为120度。暑，炎热之意；大暑，即热到极致。大暑正值中伏前后，"冷在三九，热在伏"，大暑是一年之中气温最高、最热的时期。

一、大暑气候

古代将大暑分为三候："一候腐草为萤，二候土润溽暑，三候大雨时行。"萤火虫产卵于枯草上，在大暑时，萤火虫卵化而出，所以古人认为萤火虫是腐草变成的；第二候是说天气开始变得闷热，土地也很潮湿；第三候是说常有大雷雨出现。大雨使暑湿减弱，使酷热的天气开始向立秋过渡。

俗话说"热在三伏"，大暑一般处在三伏里的中伏阶段。这时我国大部分地区都处在一年中最热的阶段，而且全国各地温差也不大。大暑相对小暑，顾名思义，更加炎热。大暑期间的高温是正常的气候现象，此时，如果没有充足的光照，喜温的水稻、棉花等农作物生长就会受到影响。但连续出现长时间的高温天气，对水稻等作物成长十分不利。长江中下游地区有这样的农谚："五天不雨一小旱，十天不雨一大旱，一月不雨地冒烟。"可见，高温少雨是伏旱形成的催生条件，伏旱区持续的大范围高温干旱的危害有时大于局部地区洪涝。除长江中下游地区需要防旱外，陕甘宁、西南地区东部，特别是四川东部、重庆等地也要防旱。

"稻在田里热了笑，人在屋里热了跳""人在屋里热得燥，稻在田里哈哈笑"，可见盛夏高温对农作物生长十分有利，但对人们的工作、生产、学习、生活却有着明显的不良影响。

民谚"大暑小暑无君子"，指天气炎热，人们脱掉外衣；"大暑大雨，百日见霜"，指大暑那天下雨，预示一百天之后会下霜；"大暑大暑，当心中暑"，指大暑高温天气下，注意防暑降温。

根据大暑的热与不热，还有不少预测后期天气的农谚。如短期预示的有"大暑热，田头歇；大暑凉，水满塘"；中期预示的有"大暑热，秋后凉"；长期预示的有"大暑热得慌，四个月无霜""大暑不热，冬天不冷"等。

在炎热少雨季节，滴雨似黄金。苏浙一带有"小暑雨如银，大暑雨如金""伏里多雨，囤里多米""伏天雨丰，粮丰棉丰""伏不受旱，一亩增一担"的说法。如大暑前后出现阴雨，则预示以后雨水多。农谚有"大暑有雨多雨，秋水足；大暑无雨少雨，吃水愁"的说法。

二、大暑农事

"禾到大暑日夜黄"，对于种植双季稻的地区来说，一年中最紧张、最艰苦、顶烈日战高温的"双抢"在大暑节气拉开了序幕。俗话说"早稻抢日，晚稻抢时""大暑不割禾，一天少一箩"。适时收获早稻，不仅可减少后期风雨造成的危害，确保丰产丰收，而且可使双季晚稻适时栽插，争取足够的生长期。要根据天气的变化，灵活安排，晴天多割，阴天多栽，在7月底以前栽完双季晚稻，最迟不能迟过立秋。

"大暑天，三天不下干一砖"，酷暑盛夏，水分蒸发特别快，尤其是长江中下游地区正值伏旱期，旺盛生长的作物对水分的要求更为迫切，真是"小暑雨如银，大暑雨如金。"棉花作物此时处于需水的高峰期，要求田间土壤湿度占田间持水量70％－80％为最好，低于60％就会受旱而导致落花落铃，必须立即灌溉。大豆开花结荚也正是需水临界期，对缺水的反应十分敏感。农谚说："大豆开花，沟里摸虾"，出现旱象应及时浇灌。黄淮平原的夏玉米一般已拔节孕穗，是产量形成最关键的时期，要严防"卡脖旱"的危害。

大暑以后需要抓紧抢收抢种的农谚有"禾到大暑日夜黄""大暑大暑，不熟也熟"；长江以南大暑正是紧张的双抢季节，上午黄，下午青，抢割抢栽，"早稻抢日，晚稻抢时"，适时收获早稻，不仅可减少后期风雨造成的危害，确保丰产丰收，而且可使双季晚稻适时栽插，争取足够的生长期。大暑前后最忌闻雷，湘桂一带有"大暑闻雷有秋旱"的说法。

三、大暑养生

大暑多在三伏中最热的中伏，高温闷热，雷阵雨多，暑湿之邪乘虚而入，使人心气亏耗，易出现苦夏、中暑等症。当全身出现明显乏力、头昏、心悸、胸闷、出汗等情况时，多为中暑先兆。最好脱离高温环境，解开衣领，喝点凉白开，吃点水果，尽快到阴凉的环境里休息。

由于大暑前后，温度高，闷热潮湿，人体感觉不舒服，即使大汗淋漓也解不了困热，反而更容易中暑。因此，大暑养生首先要避开在闷热天气下的过度劳动，尽量少出门、少活动。为了让体内的湿气散发出来，尽量在早晚温度较低的时候进行散步等强度适中的运动。

冬补三九，夏补三伏。家禽肉的营养成分主要是蛋白质，其次是脂肪、维生素和矿物质等，相对于家畜肉而言，淮山药是低脂肪高蛋白的食物，其蛋白质也属于优质蛋白。另外，淮山药有补脾健胃、益气补肾作用，多吃淮山药可以促进消化，改善腰膝酸软症状，使人感到精力旺盛。

四、大暑食俗

大暑节气的民俗主要体现在吃的方面，这一时节的民间饮食习俗大致分为两种。一种是吃凉性食物消暑，如粤东南地区，"六月大暑吃仙草，活如神仙不会老"；台湾地区则有在大暑吃凤梨的习俗，因为这个时节的凤梨最好吃，而且有败火的作用。与此相反的是，有些地方的人们习惯在大暑时节吃热性食物。如山东南部地区有在大暑到来这一天"喝暑羊"（即喝羊肉汤）的习俗；福建莆田人吃荔枝、羊肉和米糟来过大暑；湘中、湘北，大暑吃童子鸡。湘东南有在大暑吃姜的风俗，"冬吃萝卜夏吃姜，不需医生开药方"。种种趣味盎然的大暑食俗，体现了人们追求身体健康的美好情感，也给我国丰富多彩的民间习俗增添了一抹独特的色彩。

五、大暑赏诗

山亭夏日

唐·高骈

绿树阴浓夏日长，楼台倒影入池塘。

水晶帘动微风起，满架蔷薇一院香。

诗作的大意是：绿树葱郁夏日漫长，楼台的倒影映入了池塘。水晶帘随微风拂过在抖动，满架蔷薇惹得一院芳香。诗人陶醉于夏日美景，绿树浓阴，楼台倒影，池塘水波，结尾满架蔷薇一院香，为那幽静的景致，增添了鲜艳的色彩，充满了醉人的芬芳，构成了一幅色彩鲜丽、情调清和的图画。

大 暑

宋·曾几

赤日几时过，清风无处寻。

经书聊枕籍，瓜李漫浮沉。

兰若静复静，茅茨深又深。

炎蒸乃如许，那更惜分阴。

诗作大意：烈日炎炎何时结束，凉风却无处觅寻。经书典籍当作枕头与垫席，西瓜和果子在盆里上下浮沉。寺庙是何等安静，茅屋是多么幽深。暑热熏蒸真是无处可躲，还是静心读书吧，珍惜这短暂的光阴。描写了大暑节气的炎热和读书人的真切感受。

秋

立秋・处暑・白露・秋分・寒露・霜降

立秋

郭家廟碑

月令图 八月图

　　立秋，秋天第一个节气，在每年的阳历8月7日至9日之间，此时太阳黄经为135度。立秋后天渐转凉，草木开始结果，到了收获季节。立秋预示着炎热的夏天即将过去，秋天即将来临。立秋以后，有"一场秋雨一场寒"的说法。

　　早在周代，逢立秋之日，天子亲率三公九卿诸侯大夫到都城西郊迎秋，举行祭祀仪式。据记载，宋时立秋这天宫内要把栽在盆里的梧桐移入殿内，等到"立秋"时辰一到，太史官便高声报奏。奏毕，梧桐应声落下一两片叶子，以寓报秋之意。

一、立秋气候

古代将立秋分为三候："初候凉风至"，立秋后，许多地区开始刮偏北风，偏南风逐渐减少，小北风给人们带来了丝丝凉意。"二候白露降"，由于白天日照仍很强烈，夜晚凉风刮来，形成昼夜温差，空气中的水蒸气在清晨室外植物上凝结成了一颗颗晶莹的露珠。"三候寒蝉鸣"，这时候的蝉，食物充足，温度适宜，在微风吹动的树枝上得意地鸣叫着，好像告诉人们炎热的夏天过去了。

大暑之后，时序到了立秋。秋是肃杀的季节，预示着秋天的到来。历书曰："斗指西南，维为立秋，阴意出地，始杀万物，按秋训示，谷熟也。"从这一天开始，天高气爽，月明风清，气温由热逐渐下降。谚语："立秋之日凉风至"，即立秋是凉爽季节的开始。由于盛夏余热未消，秋阳肆虐，在立秋前后，很多地区仍处于炎热之中，故素有"秋老虎"之称。气象资料表明，这种炎热的气候，往往要延续到九月的中下旬，天气才能真正凉爽起来。

二、立秋农事

农谚："雷打秋，冬半收"是说立秋日如果听到雷声，冬季时农作物就会歉收；"立秋晴一日，农夫不用力"是说如果立秋日天气晴朗，必定风调雨顺，不会有旱涝之忧，可以坐等丰收。此外，还有"七月秋样样收，六月秋样样丢""秋前北风秋后雨，秋后北风干河底"的说法。也就是说，农历七月立秋，五谷可望丰收，如果立秋日在农历六月，则五谷不熟，还必致歉收；立秋前刮起北风，立秋后必会下雨，如果立秋后刮北风，则本年冬天可能会发生干旱。

立秋前后我国大部分地区气温仍然较高，各种农作物生长旺盛，中稻开花结实，单晚圆秆，大豆结荚，玉米抽雄吐丝，棉花结铃，甘薯薯块迅速膨大，对水分要求都很迫切，此期受旱会给农作物最终收成造成难以补救的损失。故有"立秋三场雨，秕稻变成米""立秋雨淋淋，遍地是黄金"之说。

三、立秋习俗

周朝有迎秋的习俗，在立秋的前三天，太史禀报天子说："某日立秋，大德在金。"（按古代五行的说法，西方属金，与秋天相配）天子洁身斋戒。立秋那天，天子亲自率领三公九卿大夫到西郊迎接秋的来临。回来后，就在朝廷赏赐将军和勇武之士。

农村的秋忙会，一般在农历七八月份举行，是为迎接秋忙而做准备的经营贸易大会。设有骡马市、粮食市、农具市、布匹市、杂货市等。过会期间还有戏剧演出、跑马、耍猴等文艺节目助兴。

我国很多地方有在立秋这天以悬秤称人的习俗，将此时的体重与立夏时对比。因为在炎热的夏天，人本就没有什么食欲，饭食清淡简单，两三个月下来，体重大都要减少一点。秋风一起，胃口大开，想吃点好的，增加一点营养，补偿夏天的损失，补的办法就是"贴秋膘"，也就是在立秋这天吃各种各样的肉，如炖肉、烤肉、红焖肉、红烧肉等，"以肉贴膘"。适当的贴秋膘有益于恢复体力，但是若贴补过分，相对运动不足，消耗热量过低，则易导致"秋胖"。

立秋时节，流行"啃秋"习俗。人们相信立秋时吃西瓜可免除冬天和来春的腹泻，整个秋天不生病。城里人在立秋日买个西瓜回家，全家人围着啃，就是"啃秋"了，而农村人的"啃秋"则豪放得多，他们在瓜棚下、树荫里，三五成群，席地而坐，抱着西瓜啃，抱着山芋啃，抱着玉米棒子啃。"啃秋"抒发的是丰收的喜悦。"啃秋"在天津被称为"咬秋"，寓意炎炎夏日酷热难熬，时逢立秋，将其咬住，据说可以不生秋痱子。在浙江等地，立秋日取西瓜和烧酒同食，民间认为可以防疟疾。

立秋谚语："立了秋，把扇丢""早上立了秋，晚上凉嗖嗖""立秋一场雨，夏衣高捆起"。除了"贴秋膘"和"啃秋"之外，民间还有吃水饺、面条、饮水清暑、祭祀土地神等习俗。这些趣味盎然的立秋习俗，体现了人们追求幸福生活的朴素情感，也给我国的民间节日增添了丰富多样的色彩。

四、立秋养生

立秋是进入秋季的初始，《素问·四气调神大论》指出："夫四时阴阳者，万物之根本也，所以圣人春夏养阳，秋冬养阴，以从其根，故与万物沉浮于生长之门，逆其根则伐其本，坏其真矣。"古人对四时调摄的宗旨，告诫人们，顺应四时养生就要遵循春生夏长秋收冬藏的自然规律。立秋的气候是由热转凉的交接节气，也是阳气渐收，阴气渐长，由阳盛逐渐转变为阴盛的时期，是万物成熟收获的季节，也是人体阴阳代谢出现阳消阴长的过渡时期。

秋季养生，应从精神、起居、饮食、运动等四个方面进行调养——第一，精神调养：要做到内心宁静，神志安宁，心情舒畅，切忌悲忧伤感，以适应秋天容平之气。第二，起居调养：立秋之季，早睡早起，防寒保暖。立秋后昼夜温差渐大，白天气温较高，夜间明显下降。虽有"秋冻"之说，也要因人因时因温度变化增减衣服。第三，饮食调养：应以滋阴润肺为宜，可适当食用芝麻、糯米、粳米、蜂蜜、枇杷、菠萝、乳品等柔润食物，以益胃生津。第四，运动调养：进入秋季，是开展各种运动锻炼的大好时机，每人可根据自己的具体情况选择不同的锻炼项目。例如慢跑、散步、打太极拳等，都是好项目。

五、立秋赏诗

秋 词

唐·刘禹锡

自古逢秋悲寂寥，我言秋日胜春朝。

晴空一鹤排云上，便引诗情到碧霄。

诗作的大意是：自古以来，每逢秋天，都会感到悲凉寂寥，我却认为秋日要胜过春天。万里晴空，一只白鹤凌云而飞起，引发我的诗兴到了蓝天之上。

自宋玉于《九辩》中留下"悲哉，秋之为气也"的名句后，悲，就成了秋的一种色调，一种情绪；愁，也就成了心上的秋。秋，在大自然中，似乎永远扮演一个悲怀的角色，哀怨、愁绪、思念、牵挂。然而刘禹锡的《秋词》，却另辟蹊径，一反常调，以一股豪情热烈地讴歌了秋天的美好，表现出高昂的精神和开阔的胸襟。

立秋

宋·刘翰

乳鸦啼散玉屏空，一枕新凉一扇风。

睡起秋声无觅处，满阶梧叶月明中。

——随夜色渐深，乳鸦啼叫声散去后，屋内玉屏上的字画也看不见，只显得空寂。突然刮起习习凉风，顿感枕边的清爽。朦胧中似乎听到秋风萧萧，醒来却寻觅不到，只见月光照着台阶上落满的梧桐叶。诗作用凉风、梧叶两个典型意象描摹立秋气候的变化，细腻入微。

同州聖敎序

吴昌硕　桂花图

　　处暑，秋天的第二个节气，在每年的8月23日前后，此时太阳黄经为150度。据《月令七十二候集解》说："处，去也，暑气至此而止矣。"意思是炎热的夏天即将过去了。全国各地都有"处暑寒来"的谚语，说明夏天的暑气逐渐消退。但天气还未出现真正意义上的秋凉，此时晴天下午的炎热亦不亚于暑夏之季，这也就是人们常讲"秋老虎，毒如虎"的说法。

一、处暑气候

古代将处暑分为三候："一候鹰乃祭鸟,二候天地始肃,三候禾乃登。"在处暑节气中,老鹰开始大量捕猎鸟类;天地间万物开始凋零;"禾乃登"的"禾"指的是黍、稷、稻、粱类农作物的总称,"登"即成熟的意思。

8月底到9月初的处暑节气,气温走低仅是其中的一个现象。产生这一现象背后的原因,首先应是太阳的直射点继续南移,太阳辐射减弱;二是副热带高压跨越式地向南撤退,蒙古冷高压开始跃跃欲试影响我国,出拳出脚,小露锋芒。在它的控制下,形成下沉的、干燥的冷空气,先是宣告了中国东北、华北、西北雨季的结束,率先开始了一年之中最美好的天气——秋高气爽。每每风雨过后,人们会感到较明显的降温,故有"一场秋雨一场凉"之说。江淮地区可能出现较大的降水过程,气温下降逐渐明显,昼夜温差加大,雨后艳阳当空,人们往往对夏秋之交的冷热变化不很适应,一不小心就容易引发呼吸道、肠胃炎、感冒等疾病,故有"多事之秋"之说。

随着季节的转变,北半球受太阳照射的时间逐渐减少,白昼越来越短,黑夜越来越长。白天受太阳照射的热量,也一天比一天少,越来越不足以弥补黑夜里的散失,连原来地面积蓄的热量也逐渐减少,因此,使得天气一天比一天冷起来。

二、处暑农事

从农业角度看，更有"谷到处暑黄""家家场中打稻忙"的秋收景象。另外，处暑后的绵绵秋雨时常会光顾我们，所以农民朋友要特别注意气象预报，抓住每一个晴天，不失时机地做好秋收工作。处暑以后，除华南和西南地区外，我国大部分地区雨季即将结束，降水逐渐减少。尤其是华北、东北和西北地区必须抓紧蓄水保墒，以防秋种期间出现干旱而延误冬作物的播种期。

处暑农谚众多，关于天气的有"处暑天还暑，好似秋老虎""处暑天不暑，炎热在中午""处暑不下雨，干到白露底"（东北）。关于天气与农事的有"处暑雨，粒粒皆是米""处暑谷渐黄，大风要提防""处暑满地黄，家家修廪仓""处暑好晴天，家家摘新棉""处暑栽白菜，有利没有害""处暑早，秋分迟，白露种麦正合时""立秋处暑八月天，防治病虫管好棉"。

三、中元节

处暑节气正赶上旧时的中元节，民间俗称鬼节，又叫盂兰盆节。中元节与佛教传入中国有关。佛祖十大弟子之一目连的母亲在死后堕入饿鬼道，因无法进食而形销骨立。目莲悲痛不已，喂母亲饭食，谁知饭未入母亲口里，就化作火炭。目连向佛陀求助，佛陀说可于七月十五日众僧安居结束之日（在印度，夏季雨季长达三个月，雨季期间，僧侣停止出门化缘，留守寺内专心修行，即"安居"。安居结束之日，供养众僧，可获百倍功德。）将百味饮食、各种供品放入盂兰盆内，供养十方僧众，依仗僧众之力可度脱父母与亲属。目连依佛陀之言行事，其母得脱饿鬼道。南北朝时，盂兰盆节已在南方出现，到唐代影响进一步扩大。中元节本身为道教节日，同在七月十五举办祈福法会，以地官赦罪、超度亡亲为主题。在唐代末期，中元节正式成为节日名称而取代盂兰盆节，并由此固定下来。宋代经济高度繁荣，民俗文化发展迅速，中元节也逐渐褪去宗教外衣，彰显出更多的民间节日色彩。

旧俗自过七夕，便开始连演七日《目连救母》戏剧。旧俗有放河灯之说，即以点燃的灯盏放于河中，意为"照冥"，即为水中亡魂指引路途。因富有观赏性和参与性，逐渐成为人们喜闻乐见的民俗活动。

四、七夕乞巧节

"七夕"首先源于人们对天体星宿的崇拜。至少在三四千年前，有关牵牛星、织女星的记载就有了。"七夕"第二个来源，即古人对时间的崇拜。"七"与"期"同音，月和日均是"七"，给人以时间感，"七"与"吉"谐音，"七七"是双吉相叠，是吉利的日子。第三个来源，就是农耕社会男耕女织的生产方式，牛郎与织女，这两个表现农耕时代的特殊符号，经过古人的浪漫主义改编，形成了"七夕"鹊桥相会这个家喻户晓的神话故事。

七夕虽然源于牛郎织女两个人的故事，在古代却被认为是属于女性的节日，有"香日""乞巧""斗巧""巧夕"等称呼，是一个女性表达愿望和展示才能的日子，有祭拜织女星、穿针引线、七姐会、巧果等风俗。东晋葛洪《西京杂记》载："汉彩女常以七月七日穿七孔针于开襟楼，俱以习之。"

五、处暑养生

处暑后，昼夜温差大，空气湿度低。夏季肌体出汗过多，体内水分储备不足，易患"秋燥症"。人们应收敛神气，多到室外阳光明媚处散步，呼吸新鲜空气，适当锻炼，消除不良情绪。根据温度变化适时添减衣服，养护阳气，选择舒缓活动项目，增强身体免疫力，减少疾病发生。巧选食材防"秋燥"，宜滋阴润燥健脾为主，宜清淡，少食辛辣，多吃蔬菜水果和粗粮杂豆。

处暑养生注意事项：第一，不宜急于增加衣服。"春捂秋冻"之意，是让体温在秋时勿高，以利于收敛阳气。第二，睡觉时应关好门窗，腹部盖薄被，防止秋风流通使脾胃受凉。第三，气候变数较大，雨前气温偏热，雨后气温偏凉，易引发人的风寒或风热感冒，若发病则及时用食物疗法恢复身体平衡。第四，可吃温补食物，适当吃些辣椒、胡椒之类食物；喜欢吃红枣、桂圆者，早晨可吃几颗；喜欢吃酸味者，可适量吃些酸味食品。

六、处暑赏诗

山居秋暝

唐·王维

空山新雨后，天气晚来秋。

明月松间照，清泉石上流。

竹喧归浣女，莲动下渔舟。

随意春芳歇，王孙自可留。

——空旷的群山沐浴了一场新雨，夜晚降临使人感到已是初秋。皎皎明月从松隙间洒下清光，清清泉水在山石上淙淙流淌。竹林喧闹知是洗衣姑娘归来，莲叶轻摇想是上游荡下轻舟。春日的芳菲不妨任随它消歇，如此美景王孙自可以久留。诗作描绘了秋雨初晴后傍晚时分山村的旖旎风光和山居村民的淳朴风尚，表现了诗人寄情山水田园并对隐居生活怡然自得的满足心情。像一幅清新秀丽的山水画，又像一支恬静优美的抒情乐曲，体现了王维诗中有画的创作特点。

玄祕塔碑

月令图　九月图

　　白露是二十四节气中的第十五个节气，在每年阳历的９月７日前后，此时太阳黄经为165度。《月令七十二候集解》："八月节。秋属金，金色白，阴气渐重，露凝而白也。"由于太阳直射点明显南移，各地气温下降很快，天气凉爽，晚上贴近地面的水气在草木上结成白色露珠，由此得名"白露"。到了白露节气，鸟类也开始做过冬准备。

　　由于"白露"节气过后，北方冷空气的势力不断增强，时而南下，致使气温逐渐下降，白天和夜晚的温差日益加大，这种昼暖夜凉的环境，有利于"白露"的形成，也有利于作物体中的营养物质向籽粒运送和积累，促使作物迅速成熟，是丰产的一种有利条件。不过这段时间不会维持很长，由于气温越降越低，秋霜也很快就降临大地了。

一、白露气候

《礼记·月令》："盲风至，鸿雁来，玄鸟归，群鸟养羞。"是说这个节气正是鸿雁与燕子南飞避寒，百鸟开始贮存干果粮食以备过冬。可见白露实际上是天气转凉的象征。古人以四时配五行，秋属金，金色白，故以白形容秋露。白露是全年昼夜温差最大的节气。

白露是九月的头一个节气。进入白露节气后，夏季热风逐步被冬季冷风所代替，冷空气转守为攻，而暖空气逐渐退避三舍。冷空气分批南下，往往带来一定范围的降温幅度。人们爱用"白露秋风夜，一夜凉一夜"的谚语来形容气温下降速度加快的情形。

"八月十五雁门开，雁儿头上带霜来"。由于冷空气的入侵，日平均气温在0℃以上，地表温度骤降到0℃以下，就会出现霜冻。所谓"霜冻"灾害，就是农作物细胞之间的水分结冰，并不断吸收细胞内部的水分，造成细胞脱水，导致农作物枯萎或死亡。有时虽然植物表面没有白霜，但由于地表温度在0℃以下，农作物依然受到冻害，这被称作"黑霜"，也是霜冻的一种类型。

二、白露农事

这一时节冷空气日趋活跃，常出现秋季低温天气，影响晚稻抽穗扬花，因此要预防低温冷害和病虫害。冷空气入侵时，可采用灌水保温，低温之前灌水二寸以上，可增温1℃-2℃。低温来时，晴天可日排夜灌浅水；阴雨天则要灌厚水；一般天气应干干湿湿，以湿为主。这个节气暑气渐消，秋高气爽，玉露生凉，丹桂飘香，是黄金旅游季节。"白露"正处夏、秋转折关头，气温日际变化大，"白露身不露"，老、弱、病者更注意适时增减衣服，以防受凉。

白露农谚——关于气候的："白露秋分夜，一夜凉一夜""夜晚露水狂，来日毒太阳""喝了白露水，蚊子闭了嘴"。关于棉花的："棉怕白露连阴雨""白露秋分头，棉花才好收""中秋前后是白露，棉花开始大批收""白露满地红黄白，棉花地里人如海"。关于作物收成的："白露割谷子，霜降摘柿子""白露谷，寒露豆，花生收在秋分后""白露种葱，寒露种蒜""白露打枣，秋分卸梨""白露到，摘花椒""白露打核桃，霜降摘柿子"等。

三、白露习俗

民间有"春茶苦，夏茶涩，要喝茶，秋白露"的说法。白露时节的茶树经过夏季的酷热，正值生长最佳时期。白露茶既不像春茶那样鲜嫩、不经泡，也不像夏茶那样干涩味苦，而是有一种独特甘醇的清香味，尤受老茶客喜爱。旧时南京人十分青睐白露茶，细品香茗，体验传统之美。

在南方，白露时节采摘的龙眼颗大核小，味甜口感好，福州人有"白露必吃龙眼"的说法，认为在白露这一天吃龙眼有大补身体的奇效。龙眼本有益气补脾、养血安神、润肤美容等多种功效，还可以治疗贫血、失眠、神经衰弱等多种疾病。

四、白露养生

白露节气属于典型的秋季气候，容易出现口干、唇干、鼻干、咽干及大便干结、皮肤干裂等症状。预防秋燥可适当吃一些富含维生素的食品。饮食上要少吃海鲜，多食山药，注意早睡早起。例如：莲子百合粥、银杏炒鸡丁、红枣山药粥等，都有清肺润燥、止咳平喘、补养气血、健脾养胃的功效。

白露节气已是真正凉爽季节的开始，要避免鼻腔疾病、哮喘病和支气管病的发生。特别是对于那些因体质过敏而引发的上述疾病，在饮食调节上更要慎重。凡是因过敏引发的支气管炎、哮喘的病人，平时少吃或不吃鱼虾海鲜、生冷炙烩、辛辣酸咸甘肥的食物，宜以清淡、易消化且富含维生素的食物为主。

五、中秋节

中秋成为佳节，与人们对月亮的崇拜分不开。早在周代就有祭月的习俗，历代都有帝王春日祭日、秋日祭月的制度，现在北京还有月坛，即为清代祭月之所。自古以来人们对月亮就充满了好奇与憧憬。如李白《把酒问月》"白兔捣药秋复春，姮娥孤栖与谁邻。"李商隐《嫦娥》"嫦娥应悔偷灵药，碧海青天夜夜心。"都对月中孤寂的嫦娥充满了同情与怜悯。王建《十五夜望月寄杜郎中》"今夜月明人尽望，不知秋思落谁家。"通过赏月，表达了对十五月圆而人不圆的愁思。咏月写得最好的还应是苏轼《水调歌头·明月几时有》，特别是其中"但愿人长久，千里共婵娟"两句，抒发出了中秋节时人们最美好的祝愿。辛弃疾《木兰花慢·可怜今夕月》突发奇想，另有情趣："飞镜无根谁系？姮娥不嫁谁留？"问得异想天开，饶有情趣。

六、白露赏诗

诗经·蒹葭（节选）

蒹葭苍苍，白露为霜。

所谓伊人，在水一方。

溯洄从之，道阻且长。

溯游从之，宛在水中央。

——全诗三章，以上读的是第一章。《蒹葭》是历来备受赞赏的一首抒情诗。全诗洋溢着主人公对"伊人"的真诚向往和执着追求的爱恋之情。主人公面对苍苍芦荡、茫茫秋水，上下求索，苦苦寻觅。虽历经千辛万苦，但"伊人"始终让人隔河企望，飘忽不定，可望而不可即。全诗字里行间流露出主人公望穿秋水而又追求不得的失望、惆怅之情。

念奴娇·过洞庭

宋·张孝祥

洞庭青草，近中秋，更无一点风色。

玉鉴琼田三万顷，著我扁舟一叶。

素月分辉，银河共影，表里俱澄澈。

悠然心会，妙处难与君说。

应念岭表经年，孤光自照，肝肺皆冰雪。

短发萧疏襟袖冷，稳泛沧溟空阔。

尽挹西江，细斟北斗，万象为宾客。

扣舷独啸，不知今夕何夕。

——这首词写中秋月夜泛舟洞庭。上片写广袤而澄澈的湖光水色，表现作者光明磊落的高尚人格。下片抒发豪爽坦荡的志士胸怀。结尾以西江北斗、宾客万象的奇思妙想，显示词人博大的胸襟和雄奇的气魄。在古今多不可数的中秋诗词里，苏东坡《水调歌头·明月几时有》和张孝祥《念奴娇·过洞庭》最为著名，堪称双璧。

朱绍宗　菊丛飞蝶图

皇甫明公碑

　　秋分是秋季的第四个节气，在每年阳历的 9 月 23 日前后。这时，太阳黄经为 180 度，日光直射点又回到了赤道，形成昼夜等长。"秋分"与"春分"一样，都是古人最早确立的节气。《春秋繁露》云："秋分者，阴阳相半也，故昼夜均而寒暑平。""秋分"有两层意思：一是按我国古代以立春、立夏、立秋、立冬为四季的开始而划分四季，秋分日居于秋季 90 天的一半，平分了秋季；二是此时一天 24 小时昼夜均分，白天和黑夜各 12 小时。和春分日一样，阳光几乎直射赤道，此日之后，阳光直射位置逐渐南移，北半球将变得昼短夜长。

　　确切地说，北半球的秋天是从"秋分"开始的。这时，我国大部分地区已经进入凉爽的秋季，南下的冷空气与逐渐衰减的暖湿空气相遇，将产生一次次的降水，气温也一次次地下降。正如人们常说的那样，到了"一场秋雨一场寒"的时候，但秋分之后的日降水量不会很大。

一、秋分气候

我国古代将"秋分"节气的十五天分为三候:"一候雷始收声;二候蛰虫坯户;三候水始涸。"古人认为雷是因为阳气盛而发声,秋分后阴气开始旺盛,所以就不再打雷了。第二候中的"坯",指细土,就是说由于天气变冷,蛰居的小虫开始藏入穴中,并且用细土将洞口封起来以防寒气侵入。"水始涸"是说此时降雨量开始减少,由于天气干燥,水汽蒸发快,所以湖泊与河流中的水量变少,一些沼泽及水洼处便处于干涸之中。

按气候学标准,秋分时节,我国长江流域及其以北的广大地区,日平均气温都降到了22℃以下,已进入真正的秋天了。此时,来自北方的冷空气团,已经具有一定的势力。全国绝大部分地区雨季已经结束,凉风习习、碧空万里、风和日丽、秋高气爽、丹桂飘香、蟹肥菊黄等词语,都是对此时景象的描述。

气象专家说,按农历来讲,立秋是秋季的开始,到霜降为秋季的终止,而秋分正好处在从立秋到霜降90天的一半。从秋分这一天起,气候主要呈现三大特点:第一,阳光直射的位置继续由赤道向南半球推移,北半球昼短夜长的现象将越来越明显(直至冬至日达到黑夜最长,白天最短);第二,昼夜温差逐渐加大,幅度将大于10℃以上;第三,气温逐日下降,一天比一天冷,渐渐步入深秋季节。而南半球的情况则与之相反。

二、秋分农事

秋分也是农业生产上重要的节气,因秋分后,太阳直射的位置移至南半球，北半球得到的太阳辐射越来越少，而地面散失的热量却较多，气温降低的速度明显加快。农谚说："一场秋雨一场寒""白露秋分夜，一夜冷一夜""八月雁门开，雁儿脚下带霜来"，东北地区在降温较早的年份，秋分见霜已不足为奇。秋季降温快的特点，使得秋收、秋耕、秋种的"三秋"大忙显得格外紧张。秋分棉花吐絮，烟叶由绿变黄，正是收获的大好时机。华北地区已开始播种冬麦，长江流域及南部地区正忙着晚稻的收割，抢晴耕翻土地，准备油菜播种。秋分时节干旱少雨，或连绵阴雨，是影响三秋正常进行的不利因素，特别是连阴雨会使即将到手的作物倒伏、霉烂或发芽，造成严重损失。三秋大忙，贵在"早"字。及时抢收秋收作物可免受早霜冻和连阴雨的危害，适时早播冬作物可争取充分利用冬前的热量资源，培育壮苗安全越冬，为来年奠定丰产基础。

秋分的天气谚语有"秋分有雨寒露凉""秋分天晴必久旱，秋分有雨来年丰""秋分秋分，雨水纷纷""秋分雨多雷电闪，今冬雪雨不会多"等。华北地区农谚有"白露早，寒露迟，秋分种麦正当时"，明确了该地区播种冬小麦的时间；而"秋分天气白云来，处处好歌好稻栽"则反映出江南地区播种水稻的时间。

三、秋分民俗

秋分曾是传统的祭月节。古有"春祭日，秋祭月"之说。现在的中秋节则是由传统的"祭月节"而来。

据史书记载，早在周朝，古代帝王就有春分祭日、夏至祭地、秋分祭月、冬至祭天的习俗。其祭祀场所分别称作日坛、地坛、月坛和天坛。分设在东南西北四个方位。北京月坛就是明清皇帝祭月的地方。《礼记》载："天子春朝日，秋夕月。朝日之朝，夕月之夕。"这里的夕月之夕，指的正是夜晚祭祀月亮。这种风俗不仅为宫廷及上层贵族所奉行，随着社会的发展，逐渐影响了民间。

因为我国生活在北半球，因而南极星（也称南极仙翁或老人星）一年内只有在秋分之后才能见到，且一闪而逝，极难见到，春分过后，更是完全看不到。南极仙翁又称南极真君，就是神话传说中的老寿星，为元始天尊座下大弟子。因为他主寿，所以又叫"寿星"或"老人星"。古时把南极星的出现看成是祥瑞的象征。因而历代皇帝会在秋分这天的清晨，率领文武百官到城外南郊迎接南极星。

四、秋分养生

秋分节气已真正进入秋季，昼夜时间相等，人们在养生中也应本着阴阳平衡的规律，在精神调养上，培养乐观情绪，保持神志安宁，以适应秋天的平容之气。

秋季早晚温差大，应根据天气变化和每个人的体质情况，及时增减衣物，预防风寒。但也不必过早"多穿衣"，应注意耐寒锻炼，就是常说的"秋冻"。可适当进行锻炼，比如：登山、步行、打太极拳、骑自行车等。平时可用冷水洗脸、洗脚、浴鼻，身体健壮的人还可洗冷水浴等。秋季早晚温差大，尤其是清晨温度较低，应根据户外气温变化，增减衣物。

五、秋分赏诗

唐多令·芦叶满汀洲

南宋·刘过

芦叶满汀洲，寒沙带浅流。

二十年重过南楼。

柳下系船犹未稳，能几日，又中秋。

黄鹤断矶头，故人今在否？

旧江山浑是新愁。

欲买桂花同载酒，终不似，少年游。

　　这首词作的大意是：芦苇的枯叶落满沙洲，浅浅的寒水在沙滩上无声无息地流过。二十年光阴似箭，如今我又重新登上这旧地南楼。柳树下系的小舟尚未停稳，过不了几日，又到中秋。看那荒凉破败的黄鹤矶头，我当年的老朋友今天都来了没有？满目苍凉旧江山，又平添了无尽新愁。想买桂花与美酒去水上泛舟，却没有了少年时的豪迈意气。

　　这首小令写秋日重登二十年前旧游地安远楼，所见所思，缠绵凄怆。可以感到作者沉重的失落心情，令人辛酸。这似淡却深的哀愁，有如满汀洲的芦叶，如带浅流的寒沙，不可胜数，莫可排遣。情真、景真、事真、意真，再现了秋分节令的景物，又塑造出个性鲜明的爱国词人的形象，不愧为名篇佳作。

寒露

欧阳询行书千字文

月令图 十月图

　　寒露是秋季的第五个节气，在每年阳历的 10 月 8 日前后，此时太阳黄经为 195 度。《月令七十二候集解》说："九月节，露气寒冷，将凝结也。""寒露"的意思是：在这个节令里，气温比"白露"时更低，地面的露水更冷，快要凝结成霜了。对比之下，"白露"节气标志着由炎热向凉爽的过渡，但暑气尚未完全消尽，早晨还可见到晶莹的露珠；而"寒露"节气则是天气转凉的象征，标志着天气由凉爽向寒冷过渡，此时的露珠寒光四射，如俗语所说的那样，"寒露寒露，遍地冷露"。

一、寒露气候

我国古代将"寒露"分为三候："一候鸿雁来宾；二候雀入大水为蛤；三候菊有黄华。"此节气中，鸿雁排成一字或人字形队列大举南迁；深秋天寒，雀鸟都不见了，古人看到海边突然出现很多蛤蜊（生活在浅海底的软体动物），其贝壳的条纹及颜色与雀鸟很相似，便以为是雀鸟变成的；第三候的"菊有黄华"是说在此时菊花已普遍开放。

寒露时节，北方冷空气已有一定势力，我国大部分地区在冷高压控制之下，雨季结束。天气常是昼暖夜凉，晴空万里，一派深秋景象。南方大部分地区的气温继续下降。华南日平均气温多不到20℃，即使在长江沿岸地区，也很难升到30℃以上，而最低气温却可降至10℃以下。西北高原除了少数河谷低地以外，平均气温普遍低于10℃，用气候学划分四季的标准衡量，已是冬季了。

寒露节气始于10月上旬末，于10月下旬结束。太阳的直射点在南半球继续南移，北半球阳光照射的角度开始明显倾斜，地面所接收的太阳热量比夏季显著减少，冷空气的势力范围所造成的影响，有时可以扩展到华南。寒露期间，人们可以明显感觉到季节的变化。在更多的地区，人们开始用"寒"字来表达自己对天气的感受了。

一般寒露过后，受气候变化的影响，雨季基本结束，只有云南、四川、贵州等少数地方尚能听到雷声。东北和新疆等少数北方地区都已经飘雪花了。白天的气温还比较温暖，秋高气爽晴空万里的，一派深秋美丽宜人的景象，但夜晚的温度却特别寒冷。气温降得快是寒露节气的一个特点。一场较强的冷空气带来的秋风、秋雨过后，温度下降 8℃ 至 10℃ 已较常见。不过，风雨天气大多维持时间不长（华西地区除外）。

二、寒露农事

寒露期间的主要农事：一是秋熟作物的收割脱粒等工作。寒露节气，秋熟作物先后成熟。成熟后期与收获期天气将直接关系到粮、棉的丰产与丰收，各地应密切注意天气变化，对已成熟的作物抢晴收获，成熟一块，抢收一块，并及时脱粒、翻晒。二是寒露节气内棉花处于收获集中期，各地应精收细摘，保证优质优价。三是寒露节气内淮北地区自北向南陆续进入三麦、油菜、蚕豆等的适宜播种期。各地在抓好秋熟作物收获的同时，在适播期内抓紧有利天气进行播种。淮河以南地区挖好排灌沟渠，做好麦田沟系配套，以防连阴雨影响，争取壮苗。油菜要做到苗床稀播育壮苗，移栽密度要适宜。四是大棚蔬菜秋延后和温室越冬蔬菜的定植，寒露期间各地应加强秋菜苗期管理，做好棚室修建与盖膜的准备，并于节气后期抢晴适时覆膜，秋菜移栽定植入棚（室），确保秋冬蔬菜市场供应。

三、寒露养生

由于寒露的到来，气候由热转寒，万物随寒气增长，逐渐萧落，这是热与冷交替的季节。在自然界中，阴阳之气开始转变，阳气渐退，阴气渐生，我们人体的生理活动也要适应自然界的变化，以确保体内的生理（阴阳）平衡。

秋季凉热交替，气温逐渐下降，"一场秋雨一场凉"，不要赤膊露身以防凉气侵入体内，应随天气转凉逐渐增添衣服，但添衣不要太多、太快。俗话说"春捂秋冻"，秋天适度经受些寒冷有利于提高皮肤和鼻黏膜耐寒力，对安度冬季有益。秋天早晚凉意甚浓，要多穿些衣服。另外，应特别注意腹部保暖。

秋季宜早睡早起，保证睡眠充足。初秋白天气温高电扇不宜久吹；深秋寒气袭人，既要防止受寒感冒，又要经常打开门窗，保持室内空气新鲜。秋高气爽，遍地金黄。到公园湖滨郊野进行适当的体育锻炼可增强体质。秋游也是一种好的活动形式，既可调节精神又可强身健体。

谚语云："吃了寒露饭，单衣汉少见。""白露身不露，寒露脚不露。"寒露之后，天气渐冷，树木花草凋零在即，树叶由绿转黄、由黄变红，正是登高赏秋的最佳时节。唐人张九龄《晨坐斋中偶而成咏》"寒露洁秋空，遥山纷在瞩。"就是说寒露时节，秋高气爽，远山可瞩，正是登山赏景的佳期。

四、重阳登高

寒露正赶上重阳。九九重阳节在我国已有两千多年历史，因与"久久"同音，又寓长寿之意。唐诗宋词中贺重阳、咏菊花佳作如云。民间活动丰富多样，秋游赏景、登高远眺、观菊咏诗、遍插茱萸、吃重阳糕、饮菊花酒等都是有益身心的好习俗。

农历九月初九是重阳节。明代张岱著《夜航船》云："九为阳数，其日与月并应，故曰重阳。"唐人王维《九月九日忆山东兄弟》："独在异乡为异客，每逢佳节倍思亲。遥知兄弟登高处，遍插茱萸少一人。"在古代，重阳日盛行郊野游宴之风，包括登高、赏菊、佩茱萸三大习俗。文人雅士常在这一天聚会，以饮酒、食蟹、赏菊、赋诗来表达对生活的热爱、对大自然的向往以及兄弟、友人间的深情厚谊。

唐人孟浩然"待到重阳日，还来就菊花"，宋人李清照"佳节又重阳……东篱把酒黄昏后……人比黄花瘦"——都突出了重阳菊花。菊花作为重阳盛会的代表符号，喻义高风亮节和吉祥长寿；体现对晋代田园诗人陶渊明的尊崇与效仿，也是对传统文化的溯源与垂范。重阳时节，历来有赏菊、饮菊花酒的习俗。

五、寒露赏诗

池上

唐•白居易

袅袅凉风动，凄凄寒露零。

兰衰花始白，荷破叶犹青。

独立栖沙鹤，双飞照水萤。

若为寥落境，仍值酒初醒。

凉风一动，万物凋零，一派萧索。寒露节气，悄悄降临，露水凝结，带来了些许寒意。虽然兰叶渐渐衰败，但是兰花却依旧洁白；虽然莲蓬残破不堪，但是荷叶却依旧青青。秋池之上，一边是独立栖息的沙鹤，另一边却是双飞映照的水萤。你要说"我"身处寥落之境吧，却也不完全是，犹如大醉初醒，美不胜收。

李迪　红白芙蓉图

皇甫明公碑

　　霜降是秋季最后一个节气，每年阳历的 10 月 23 日前后，此时太阳黄经为 210 度。天气渐冷、开始降霜。《月令七十二候集解》载："九月中，气肃而凝，露结为霜矣。"霜是空气中的水汽在地面凝结而成的白色晶本，对生长中的农作物危害很大。霜降节气含有天气渐冷、初霜出现的意思。

　　在气象学上，一般把秋季出现的第一次霜叫作"早霜"或"初霜"，而把春季出现的最后一次霜称为"晚霜"或"终霜"。从早春的终霜到晚秋的初霜的间隔期，就是无霜期（黄河中下游地区 4 月-9 月，半年左右）。古人把早霜称作"菊花霜"，因为此时正是菊花盛开的时节。

　　霜是水汽凝成的，水汽怎样凝成霜呢？南宋诗人吕本中《南歌子·旅思》写道："驿内侵斜月，溪桥度晚霜。"陆游在《霜月》诗中写道："枯草霜花白，寒窗月新影。"说明寒霜出现于秋天晴朗的月夜。秋晚没有云彩，地面上如同揭了被，散热很多，温度骤然下降到 0℃ 以下，靠近地面的水汽就会凝结在溪边、桥间、树叶和泥土上，形成细微的冰针，有的呈现六角形的霜花。霜，只能在昼夜温差大的晴天形成，人说"浓霜猛太阳"就是这个道理。

一、霜降气候

我国古代将霜降分为三候：一候豺乃祭兽；二候草木黄落；三候蛰虫咸俯。豺狼将捕获的猎物先陈列后再食用，就像是人类祭祀上天，以兽祭天而报本也，方铺而祭秋金之义；大地上的树叶枯黄掉落；蛰虫也全在洞中不动不食，垂下头来进入冬眠状态中。

霜降节气含有天气渐冷、开始降霜的意思。"霜降始霜"反映的是黄河流域的气候特征。"风刀霜剑严相逼"说明霜是无情的、残酷的。其实，霜和霜冻虽形影相连，但危害庄稼的是"冻"而不是"霜"。与其说"霜降杀百草"，不如说"霜冻杀百草"。霜是天冷的表现，冻是杀害庄稼的敌人。

二、霜降农事

"霜降见霜，米谷满仓"的农谚正反映出了劳动人民对这个节气的重视。霜降期间，北方大部分地区已在秋收扫尾，即使耐寒的葱，也不能再长了，因为"霜降不起葱，越长越要空"。在南方，却是"三秋"大忙季节，单季杂交稻、晚稻才在收割，种早茬麦，栽早茬油菜；摘棉花，拔除棉秸，耕翻整地。"满地秸秆拔个尽，来年少生虫和病"，收获以后的庄稼地，都要及时把秸秆、根茬收回来，因为那里潜藏着许多越冬虫卵和病菌。华北地区大白菜即将收获，要加强后期管理。霜降时节，我国大部分地区进入了干季，要高度重视护林防火工作。

霜降农谚——关于气候的，如"风大夜无露，阴天夜无霜""今夜霜露重，明早太阳红""霜后暖，雪后寒"等。关于农事的，如"霜降前降霜，挑米如挑糠""霜降后降霜，稻谷打满仓""棉是秋后草，就怕霜来早""寒露种菜，霜降种麦""寒露早，立冬迟，霜降收薯正适宜""芒种黄豆夏至秧，想种好麦迎霜降""霜降拔葱，不拔就空""霜降摘柿子，立冬打软枣"等。

三、霜降养生

霜降作为秋季的最后一个节气，此时天气渐凉，秋燥明显，燥易伤津。霜降养生首先要重视保暖，其次要防秋燥，运动量可适当加大。饮食调养方面，此时宜平补，要注意健脾养胃，调补肝肾，可多吃健脾养阴润燥的食物，例如：玉米、栗子、秋梨、百合、蜂蜜、淮山药、牛肉、鸡肉等。

秋末时节，是呼吸道疾病的高发期，易犯咳嗽，慢性支气管炎容易复发或加重。多吃生津润燥、宣肺止咳作用的梨、苹果、橄榄、白果、洋葱、萝卜等食物，有助于预防呼吸道疾病。天气逐渐变冷，使得慢性胃病、"老寒腿"等疾病的发病随之增多。尤其是有消化道溃疡病史的人，要特别注意自我保养，避免服用对胃肠黏膜刺激性大的食物和药物。

九九重阳后阳气趋于沉降，生理功能趋于平静。俗话说"秋瓜坏肚"，气温凉爽，性寒瓜果吃太多易损胃阳，要少吃或不吃。体质虚弱怕冷的人此时应选温热性水果。不少老人到了霜降后会腹泻，可在医师指导下选用生姜、大枣等食材食疗，并注意腰腹部及下肢保暖。

霜降过后，枫树、黄栌树等树木在秋霜的抚慰下，开始漫山遍野地变成红黄色，如火似锦，非常壮观。在外出登山欣赏美景时，注意保暖，尤其要保护膝关节，切不可运动过量。

四、霜降习俗

（一）霜降食柿。霜降时节要吃红柿子，在当地人看来，这样不但可以御寒保暖，同时还能补筋骨。霜降这天吃柿子，防止冬天嘴唇干裂。

（二）霜降登高。登高远眺，既可使肺的功能得到舒畅，同时极目远眺，心旷神怡，可舒缓心情。老年人应带手杖，既省体力，又有利于安全。陡坡行走时，最好采取"之"字形路线攀登，可缓解坡度。

（三）霜降赏菊。霜降时节秋菊盛开，很多地方举行菊花会，赏菊饮酒。在古人眼里，菊花有着不寻常的文化意义，被认为是延寿客、不老草。

（四）霜降拔萝卜。农谚"处暑高粱白露谷，霜降到了拔萝卜"。民间自古流传"冬吃萝卜夏吃姜，不劳医生开处方"之谚语，现代也有人称萝卜为"土人参"，有增食欲、助消化、止咳化痰、除燥生津的作用。

（五）霜降食鸭。每到霜降，闽台地区鸭子卖得非常火爆。当年新鸭养到秋季，肉质壮嫩肥美，营养丰富，能及时补充人体必需的蛋白质、维生素和矿物质。同时鸭肉性寒凉，适合体热上火者食用，故秋季润燥首选吃鸭。

（六）霜降吃牛肉。霜降吃牛肉的习俗，在于补充热量，祈求在冬天里身体暖和强健。牛肉蛋白质含量高，脂肪含量低，味道鲜美，受人喜爱。但牛肉纤维较粗，不易消化，故老人、幼儿及消化力弱的人不宜多食。

五、霜降赏诗

枫桥夜泊

唐·张继

月落乌啼霜满天，江枫渔火对愁眠。

姑苏城外寒山寺，夜半钟声到客船。

诗作的大意是：明月西落秋霜满天，几声乌鸦啼叫；对着江上枫树渔火，愁绪搅我难眠。姑苏城外的寒山寺；半夜里敲钟的声音，传到我的客船。这首七绝以一"愁"字统起。所有景物的挑选都独具慧眼：一静一动、一明一暗，景物的搭配与人物的心情达到了高度的默契与交融，共同形成了这艺术境界。

秋思十首其九

宋·李纲

古后有明训，霜降休百工。

草木日摇落，蟋蟀鸣堂中。

岂不感时节，念此岁复穷。

劳生真一梦，飘泊随西东。

　　——处在霜降时节，诗人为自身飘泊不定的命运而发出喟叹。古时明训，在霜降时节，百业休息。面对草木渐摇落，堂中蟋蟀叫，此情此境，顿生无限感慨：时间流转无穷尽，今年又快到头，劳碌奔波的一生真是一场梦，四处漂泊任西东。正如杜甫诗句"飘飘何所似？天地一沙鸥。"又似李商隐诗句"走马兰台类转蓬"。

冬

立冬・小雪・大雪・冬至・小寒・大寒

立冬

元次山碑

月令图　十一月图

　　立冬，冬季的第一个节气，于每年阳历 11 月 7 日或 8 日，太阳到达黄经 225 度时开始。从字面上解释，"立"即开始；在传统观念中，"冬"就是"始终"的"终"，结束之意，有农作物收割后要收藏起来的含意。立冬时节是冬季的开始，北风劲吹，万物收藏，但江南与塞北的景色各有不同。

　　早在《吕氏春秋·十二月纪》中就确立了立春、春分、立夏、夏至、立秋、秋分、立冬、冬至这八个节气。在二十四节气中，这是最重要的八个节气，它清晰准确地标志了四季转换的过程。

　　立冬意味着冬季的来临，"立冬为冬日始"的说法与黄淮地区的气候规律基本吻合；但由于我国幅员辽阔，除全年无冬的华南沿海和长冬无夏的青藏高原地区外，各地的冬季并不都是于立冬日开始的。按气候学划分的四季标准，我国最北部的漠河及大兴安岭以北地区，早在 9 月上旬就已进入冬季，首都北京在 10 月下旬就是一派冬天景象，而长江以南地区甚至到了 11 月底才感受到冬季的滋味。珠三角地区到了 12 月依然很温暖。

一、立冬气候

古人将立冬分为三候："一候水始冰；二候地始冻；三候雉入大水为蜃。"此节气水面开始结冰，但初凝未坚；土地开始冻结，但凝寒未坼；三候"雉入大水为蜃"中的"雉"指野鸡一类的大鸟，蜃为大蛤蜊，立冬后，野鸡一类的大鸟便不多见了，而海边却可以看到外壳与野鸡的线条及颜色相似的大蛤蜊——古人就误认为"雉"到立冬后便变成大蛤蜊了。

立冬时节，我们所处的北半球获得的太阳辐射量越来越少，但此时地表在夏秋半年内贮存的热量还有一定的能量，所以一般还不会太冷，但气温逐渐下降。在晴朗无风之时，也常会出现温暖舒适的十月"小阳春"天气。

随着冷空气的加强，气温下降的趋势加快。北方的降温，人们习以为常。从10月下旬开始，北方先后开始供暖。而对于此时处在深秋"小阳春"的长江中下游地区的人们，平均气温一般为12℃至15℃。绵雨已结束，如果遇到强冷空气迅速南下，有时不到一天时间，降温可达8℃-10℃，甚至更多。但毕竟大风过后，阳光照耀，冷气团很快变性，气温回升较快。气温的回升与热量的积聚，促使下一轮冷空气带来较强的降温。

二、立冬农事

当代诗人左河水《立冬》诗："北风往复几寒凉，疏木摇空半绿黄。四野修堤防旱涝，万家晒物备收藏。"立冬前后，我国大部分地区降水显著减少。东北地区大地封冻，农林作物进入越冬期；江淮地区"三秋"已接近尾声；江南正忙着抢种晚茬冬麦，抓紧移栽油菜；而华南却是"立冬种麦正当时"的最佳时期。此时水分条件的好坏与农作物的苗期生长及越冬都有着十分密切的关系。

立冬后空气一般渐趋干燥，土壤含水较少，此时应注重林区的防火工作。这时节正是秋收冬种的大好时段，各地都充分利用晴好天气，搞好晚稻的收、晒、晾，保证入库质量。冬小麦播种要抓紧，还要抓好冬种、冬修水利、冬季积肥工作。

立冬农谚很多，例如"立冬北风冰雪多，立冬南风无雨雪""立冬落雨会烂冬，吃得柴尽米粮空""立冬之日起大雾，冬水田里点萝卜""立冬小雪紧相连，冬前整地最当先""霜降腌白菜，立冬不使牛"等。

三、立冬民俗

在古代，立冬是一个隆重的节日。周朝有迎冬的习俗，在立冬的前三天，太史禀报天子说："某日立冬，盛德在水。"天子洁身斋戒。立冬那天，天子亲率三公九卿大夫到都城北郊迎接冬神，并对为国捐躯的烈士及家属进行表彰和抚恤。

立冬与立春、立夏、立秋合称"四立"，在古代都属于重要的节日。农耕社会辛勤劳作一年的人们，利用立冬这天休养放松，改善生活。立冬有吃倭瓜饺子的风俗，倭瓜是夏天买的，存在小屋里或窗台上，经过长时间的糖化，做饺子馅，蘸醋加烂蒜吃，才别有一番滋味。

四、立冬养生

在天寒地坼，万木凋零，生机潜藏的冬季，人体的阳气也随自然界的转化而潜藏于内。因此，冬季养生应顺应自然界闭藏之规律，以敛阴护阳为本，保持精神的安宁，使体内阳气得以保藏。养精蓄锐，为来春生机勃发作准备。

立冬是人们进补的最佳时期。每逢次日，人们以不同的方式进补，以增强营养，抵御严寒的侵袭。饮食调养宜遵循"秋冬养阴""虚者补之，寒者温之"的古训，随四时气候的变化而调节饮食。食用热量较高的膳食，同时也要多吃新鲜蔬菜以避免维生素的缺乏。中医养生原则，少年重养，中年重调，老年重保，耆耄重延。故"冬令进补"应根据实际情况，有针对性地选择清补、温补、小补、大补，万不可盲目"进补"。

立冬之后，人体新陈代谢处于相对缓慢的水平。这个季节养生，要从饮食起居入手，才能达到效果。立冬后，天黑得早，光照时间短，易使人产生抑郁情绪，因此应尽量多晒太阳，采用适量的运动来增强身体抵抗力。立冬后宜早睡晚起，等太阳升起后再起床。衣着方面宜适度得体——衣着过少过薄、室温过低，易感冒又耗阳气；衣着过多过厚、室温过高，则容易使寒气侵入。

五、立冬赏诗

立冬

唐·李白

冻笔新诗懒写，寒炉美酒时温。

醉看墨花月白，恍疑雪满前村。

——立冬之日，天气寒冷，墨笔冻结，休闲放松，不写新诗了；小火炉上的美酒保持着温热。在清冷月光之下，砚石上的墨渍花纹，醉眼恍惚之间，好像大雪落满了山村。这首小诗以"立冬"为题，描摹冬夜豪饮低吟的场景，抒发诗人的闲情逸致。

立冬前一日霜对菊有感

宋·钱时

昨夜清霜冷絮裯，纷纷红叶满阶头。

园林尽扫西风去，惟有黄花不负秋。

——这首七绝写在立冬的前一天，昨夜的清冷，已使纷纷红叶堆满台阶；料峭的西风把院子里的秋色尽扫，只留下俏丽的黄菊不负秋光。诗人就着满园霜色欣赏菊花，感叹黄菊在立冬时日仍不肯离去，对秋天的执着态度令人赞叹。

戊子无秋写滇南鹤顶茶花 非闇

鴈墻聖教序

于非闇　鹤顶茶花

　　小雪在冬季六个节气里排名第二，在每年阳历 11 月 22 日或 23 日，这时太阳到达黄经 240 度。此时，北方的冷空气势力增强，西北风始为常客，气温迅速下降，逐渐降到 0℃以下。降水开始出现雪花，为初雪阶段，雪量小，次数不多，故称小雪。黄河流域多在小雪节气后降雪。此时阴气下降，阳气上升，而致天地不通，阴阳不交，万物失去生机，天地闭塞而转入严冬。黄河以北地区出现的初雪提醒人们：到御寒保暖的时候了。入冬后的第一次降雪，带给人们的是久违的惊喜——"忽如一夜春风来，千树万树梨花开"。

一、小雪气候

《月令七十二候集解》曰："十月中，雨下而为寒气所薄，故凝而为雪。小者未盛之辞。"古籍《群芳谱》说："小雪气寒而将雪矣，地寒未甚而雪未大也。"我国古代将小雪分为三候："一候虹藏不见；二候天气上升，地气下降；三候闭塞而成冬。"由于天空中的阳气上升，地中的阴气下降，导致天地不通，阴阳不交，所以万物失去了生机，天地闭塞而转入严寒的冬天。

小雪节气，东亚地区已建立起比较稳定的经向环流，西伯利亚地区常有低压或低槽，东移时会有大规模的冷空气南下，我国东部会出现大范围大风降温天气。小雪节气是寒潮和强冷空气活动频数较高的节气，强冷空气影响时，常伴有入冬第一次降雪。小雪时天气并不算太冷，雪一般为半冰半融状态，落地即化，或呈雨夹雪状态。

黄河中下游地区的平均初雪期基本与小雪节令一致。虽然开始下雪，但一般雪量较小，并且夜冻昼化。如果冷空气势力较强，暖湿气流又比较活跃，也可能下大雪。此时，长江中下游地区冬季来临，"荷尽已无擎雨盖，菊残犹有傲霜枝"，已呈初冬景象。江南地区则阴雨连绵，湿冷难耐。

由下雨而变为落雪，表征是降水相态的变化。"小雪"节气物候特征有一个关键词，就是"封"（即"千里冰封"的"封"）。小雪封地，大雪封河；小雪封田，大雪封船。在小雪节气初期，东北地区土壤的冻结深度已达10厘米，往后差不多一昼夜平均多冻结1厘米，到节气末便冻结了一米多。所以俗话说"小雪地封严"，然后大小江河将陆续封冻。

二、小雪农事

农谚："小雪雪满天，来年必丰年""小雪无云大雪补，大雪无云要春旱"。在古人心目中，小雪时节担忧和忌惮的是不下雪。这里包含三层意思，第一是：小雪落雪，预示来年雨水均匀，无大旱涝灾害；第二是：下雪可冻死一些病菌和害虫，减轻来年病虫害的发生；第三是：积雪对农田起到保暖作用，利于土壤的有机物分解，增强土壤肥力。民谚"瑞雪兆丰年"是有一定科学道理的。

北方地区小雪以后，果农开始为果树修枝，以草秸编箔包扎株杆，以防果树受冻。冬日蔬菜多采用土法贮存，或用地窖，或用土埋，以利食用。俗话说"小雪铲白菜，大雪铲菠菜"，白菜深沟土埋储藏时，在收获的前十天左右即停止浇水，做好防冻工作，以利于贮藏，尽量择晴天收获。收获后将白菜根部向阳晾晒3～4天，待白菜外叶发软后再入窖储藏。

三、小雪民俗

小雪谚语："小雪封地，大雪封河""小雪地不封，大雪还能耕""小雪不砍菜，必定有一害""大地未冻结，栽树不能歇""到了小雪节，果树快剪截""小雪不耕地，大雪不行船""小雪大雪不见雪，小麦大麦粒要瘪"等。

在过去，北方大部分地区小雪以后即开始生火炉。南方此时也开始准备御寒衣物、手炉之类，同时房内挂棉帘防寒。而现在北方人关心的是，每年到了小雪，就要安排室内供暖了。

在南方某些地方，有农历十月吃糍粑的习俗。糍粑，把糯米蒸熟捣碎后做成的食品。古时，糍粑是南方地区传统的节日祭品，最早是农民用来祭牛神的供品。

四、小雪养生

小雪节气的前后，天气时常是阴冷晦暗的，人们的心情也会受其影响，在光照少的日子里要学会调养自己。人们在日常生活中时常会出现七情变化，这种变化是人体正常的生理现象，一般情况下并不会致病。只有在突然、强烈或长期持久的刺激下，才会影响到人体的正常生理，使脏腑气血功能发生紊乱，导致疾病的发生，这就是中医理论说的"怒伤肝、喜伤心、思伤脾、忧伤肺、恐伤肾"。古人从内外两个方面说明这种现象：对外，要顺应自然界变化和避免邪气的侵袭；对内，要谨守虚无，心神宁静，即思想清净，畅达情志，保持人体形神合一的生理状态，也是"静者寿，躁者夭"的最好说明。调节心态，保持乐观，节喜制怒，经常参加户外活动多晒太阳以增强体质，多听音乐增添生活中的乐趣。清代医学家吴尚说过："七情之病，看花解闷，听曲消愁，有胜于服药者也。"小雪时，阳气藏，阴气盛，顺应时节养精蓄锐，早睡晚起，睡眠充足，常到户外活动，开窗通风，多晒太阳以助阳气。

平时习惯是熟吃萝卜生吃梨，小雪之后不妨反过来。因为梨能润肺清热、养阴生津，对于刚入冬的燥咳效果很好，可用梨和蜂蜜隔水蒸熟吃。中医认为生吃白萝卜可清热生津，凉血止血，化痰止咳；而煮熟偏于益脾和胃，消食下气。所以，从清热生津的角度来说，生吃效果更好，但脾胃虚寒者不要生吃萝卜。

从小雪开始，可以多吃羊肉、甲鱼、海参等，但不要过多食用燥热的食物，比如过度煎炸、烘烤的食物，添加太多辣椒、胡椒、花椒的食物，烈性白酒等。盐吃多了，对身体不好，咸味入肾，可导致肾水更寒，有扰心阳，所以冬季更应少吃盐，以免损伤人体的阳气，尤其是高血压的人更要少吃。

五、小雪赏诗

负冬日

唐·白居易

杲杲冬日出，照我屋南隅。

负暄闭目坐，和气生肌肤。

初似饮醇醪，又如蛰者苏。

外融百骸畅，中适一念无。

旷然忘所在，心与虚空俱。

——初雪时节，光照较少，天气晦暗，难得晴暖，古人多以"负暄"（晒太阳）为难得的养生意趣。所谓"负冬日"就是冬天晒太阳。从诗中可以看出，白居易不但爱好气功，而且已修炼到很高的层次。他练功时"外融百骸畅，中适一念无"，这不是一般练气功的人所能达到的。冬日晒晒太阳，暖暖身子暖暖心，不要辜负上天恩赐给我们最简单的快乐和幸福。

雪梅·其二

宋·卢钺

有梅无雪不精神，有雪无诗俗了人。

日暮诗成天又雪，与梅并作十分春。

"雪"的意象是冬之美的"点睛之笔"。古人说雪有四美：落地无声，静也；沾衣不染，洁也；高下平均，匀也；冻窗掩映，明也。从诗歌创作来看，描摹冬季景色最美的两个意象就是"雪"与"梅"。

——《雪梅》诗作大意是：只有梅花没雪花，精神气质缺失。下雪了却不吟诗，简直俗不可耐。傍晚时分写好了诗，刚好又下起了雪，再看梅花伴着雪花争相绽放，就像春天一样艳丽多姿。只有雪、梅、诗三者交融，才能奏响寒冬交响乐。

伊阙佛龛碑

月令图 十二月图

　　大雪在"二十四节气"里排行二十一，通常在每年阳历的 12 月 7 日前后，太阳黄经达 255 度时。此时太阳直射点快接近南回归线，北半球昼短夜长。《月令七十二候集解》："十一月节，大者，盛也，至此而雪盛矣"。到了"大雪"节气，并不是说这天一定下雪，而是表明降雪的可能性比小雪时更大，而且雪往往下得更大、范围更广，故名大雪。

　　我国古代将大雪分为三候："一候鹖鴠不鸣；二候虎始交；三候荔挺出。"这是说：到了大雪节气，因天气寒冷，寒号鸟不再鸣叫了；由于此时阴气最盛，但盛极而衰，阳气也有所萌动，所以老虎开始有求偶行为；"荔"为马蔺草即马兰花，感应到阳气的萌动而抽出新芽。

　　到了大雪节气，我国大部分地区的最低温度都降到了 0℃ 或以下，在强冷空气的前沿，即冷暖空气交锋的地区，往往会降大雪，甚至暴雪。故有"今冬麦盖三层被，来年枕着馒头睡"的农谚。

一、大雪气候

大雪时节，除华南地区和云南省南部无冬区之外，我国辽阔大地已披上冬日盛装，以下几种天气较为常见。

第一是降温。有人做过统计，我国强冷空气最多的月份是在11月。北方大部分地区12月份的平均温度约在 -5℃ ～ -20℃ 之间，南方的强冷空气过后，有时也会出现霜冻。寒冷对体弱者和老年人的健康十分不利。

第二是暴雪。强冷空气往往能够形成较大范围降雪或局部地区暴雪。降雪的益处很多，特别是有利于缓解冬旱，冻死农田病虫，有利于冬季旅游的开展。但降雪路滑，化雪成冰，容易导致民航航班延误、公路交通事故和车道拥堵；个别地区的暴雪封山、封路还会对牧区草原人畜安全造成威胁。

第三是冻雨（雨凇）。强冷空气到达南方，特别是贵州、湖南、湖北等地，容易出现冻雨。冻雨是从高空冷层降落的雪花，到中层有时融化成雨，到低空冷层，又成为温度虽低于0℃，但仍然是雨滴的过冷却水。过冷却水滴从空中下降，当它到达地面，碰到地面上的任何物体时，立刻发生冻结，就形成了冻雨。

第四是雾凇。据统计，一般每年11月开始到转年2月，西北、东北以及长江流域大部分地区，先后会有雾凇出现，湿度大的山区比较多见。雾凇是低温时空气中水汽直接凝结，或过冷雾滴直接冻结，在物体上形成的乳白色冰晶沉积物。连续几天雾凇形成的冰雪世界，使爱好旅游和摄影的人惊喜不已。雾凇是受到人们普遍欣赏的一种自然美景，但它也会成为自然灾害，严重时会将电线、树木压断，影响交通、供电和通信等。

第五是凌汛。冬季的黄河，在内蒙古包头河段结冰封河，而偏南的兰州河段却没有封河，由于已封河段的冰层和凌坝阻挡了上游下来的河水，迫使水位抬高，容易产生水漫河堤的灾害。如果强冷空气来得晚，12月就容易引发流凌灾害，值得关注。

二、大雪农事

大雪时节，由于大地严寒冰冻，北方的田间管理已很少。但若下雪不及时，人们偶尔会在天气稍转暖时浇一两次冻水，提高小麦越冬能力。或者修葺禽舍、牲畜圈墙等，保障禽畜安全过冬。俗话说"大雪纷纷是旱年，造塘修仓莫等闲"。此时还要加紧兴修水道、积肥造肥、修仓、粮食入仓等事务。妇女们则三五成群，扎堆做针线活。手艺人家将主要精力用在手艺上，如印年画、磨豆腐、编筐、编篓等赚钱补贴家用。

江淮及江淮以南地区的小麦、油菜仍在缓慢生长，要注意施肥，为安全越冬和来春生长打好基础。华南地区和西南地区小麦进入分蘖期，应结合中耕施好分蘖肥，注意冬作物的清沟排水。这时天气虽冷，但贮藏的蔬菜和薯类要勤于检查，适时通风，不可将窖封闭太死，以免升温过高，湿度过大导致烂窖。在不受冻害的前提下应尽可能保持较低的温度。

大雪节气人们要注意气象台对强冷空气和低温的预报，注意防寒保暖。越冬作物要采取有效措施，防止冻害，注意牲畜防冻保暖。

三、大雪民俗

"小雪封地，大雪封河"，北方有"千里冰封，万里雪飘"的自然景观，南方也有"雪花飞舞，漫天银色"的迷人图画。到了大雪节气，河里的冰都冻住了，人们可以尽情地滑冰嬉戏，这是大雪前后富有特色的娱乐活动。各地更常见的娱乐是在冰天雪地里赏玩雪景。雪后初晴，大地山河宛若琼楼玉宇，高瞻远眺，饶有趣味。《东京梦华录》记载："此月虽无节序，而豪贵之家，遇雪即开筵，塑雪狮，装雪灯，以会亲旧。"儿童可与父母或伙伴在院中堆雪人、打雪仗，尽情享受冰雪世界的乐趣。

旧日北京天津等北方都市在大雪前后有取冰习俗。古代夏天没有冰箱，到了天气炎热的时候需要用冰块降温，为食品保鲜，人们往往会在这一天，在冻结的河里凿冰备用。古代文人雅士还会举办以雪为题材的诗会，晚餐后围炉夜话，品尝特色小吃，闲聊以消磨时间。

四、大雪养生

大雪是"进补"的好时节，素有"冬天进补，开春打虎"的说法。冬令进补能提高人体的免疫功能，促进新陈代谢，使畏寒的现象得到改善。冬令进补还能调节体内的物质代谢，使营养物质转化的能量最大限度地贮存于体内，有助于体内阳气的升发，俗话说"三九补一冬，来年无病痛"。此时宜温补助阳、补肾壮骨、养阴益精。冬季食补应供给富含蛋白质、维生素和易于消化的食物。

大雪节气前后，柑橘类水果大量上市，吃柑橘可防治鼻炎，消痰止咳；喝姜枣汤抗寒；吃火锅，也是个不错的选择。很多地方流传"冬吃萝卜夏吃姜，不劳医生开药方"的谚语。萝卜具有很强的行气功能，还能止咳化痰、除燥生津、清凉解毒。此外，还可常食有养心除烦作用的小麦粥、益精养阴的芝麻粥、消食化痰的萝卜粥、养阴固精的胡桃粥、健脾养胃的茯苓粥、益气养阴的大枣粥等。

五、大雪赏诗

夜雪

唐·白居易

已讶衾枕冷，复见窗户明。

夜深知雪重，时闻折竹声。

——这首五绝作于白居易任江州司马时，夜间忽觉被窝里有点冷，继而看见窗户发亮，原来是下雪了；时时听见竹子被压折的声音，方知雪下得很大。觉衾寒窗明，而知有雪，闻折竹之声，而知雪重，写来曲折有致，构思巧妙，别具一格。避开人们通常使用的正面描写的手法，全用侧面烘托，从而生动传神地写出一场夜雪来。就景写景，又景中寓情，委婉传出诗人被贬后的寂寞冷清之状和无限感慨。

江雪

唐·柳宗元

千山鸟飞绝，万径人踪灭。

孤舟蓑笠翁，独钓寒江雪。

——柳宗元被贬到永州后，精神上受到很大打击。这首诗就是他借助歌咏隐居山水的渔翁，来寄托自己清高孤傲的情怀，抒发政治上失意的苦闷和压抑。全诗用简单而细腻的语言描绘出了一幅寒江雪钓图：千山万径都没有人烟鸟迹，天地间只有孤独的渔翁在江雪中垂钓。广阔寂寥的背景空间，更加突出了独钓的孤舟。诗人淡墨轻描，渲染出一个洁静绝美的世界。

冬至

道国法师碑

吴昌硕　天竺水仙图

　　每年的 12 月 22 日或 23 日，太阳到达黄经 270 度，此时太阳几乎直射南回归线，在北半球成为一年中白昼最短的一天。冬至的"至"，不是"到来"的意思，而是"至极"之意，即俗话所说"到头儿"了。冬至以后，北半球白昼渐长，气温持续下降，并进入年气温最低的"三九"，进入一年之中最寒冷的时期，气温继续走低，河北差异明显。

一、冬至气候

我国古人将冬至分为三候："一候蚯蚓结；二候麋角解；三候水泉动。"传说蚯蚓是阴曲阳伸的生物，此时阳气虽已生长，但阴气仍然十分强盛，土中的蚯蚓仍然蜷缩着身体；麋与鹿同科，却阴阳不同，古人认为麋的角朝后生，所以为阴，而冬至一阳生，麋感阴气渐退而解角；由于阳气初生，所以此时山中的泉水可以流动并且温热。

冬至日太阳高度最低，日照时间最短，地面吸收的热量比散失的热量少，冬至后便开始"数九"，每九天为一个"九"。到"三九"前后，地面积蓄的热量最少，天气也最冷，所以说"冷在三九"，而"九九"已在二月，我国大部分地区入春，因此称为"九九艳阳天"。

天文学上把冬至作为冬季的开始，这对于我国多数地区来说，显然偏迟。冬至期间，西北高原平均气温普遍在0℃以下，南方地区也只有6℃至8℃左右。不过，西南低海拔河谷地区，即使在当地最冷的1月上旬，平均气温仍然在10℃以上，真可谓秋去春平，全年无冬。

二、冬至节庆

据记载，周朝以冬十一月为正月，以冬至为岁首过新年。人们最初过冬至节是为了庆祝新的一年的到来。古人认为自冬至起，天地阳气开始兴作渐强，代表下一个循环开始，是大吉之日。

把冬至作为节日，源于两汉，盛于唐宋。周代的正月等于我们现在的十一月，所以拜岁和贺冬并没有分别。直到汉武帝采用夏历后，才把正月和冬至分开。汉代以冬至为"冬节"，官府要举行祝贺仪式，称为"贺冬"，官方例行放假，官场流行互贺的"拜冬"礼俗。《后汉书》载："冬至前后，君子安身静体，百官绝事，不听政，择吉辰而后省事。"所以这天朝廷上下要放假休息，军队待命，边塞闭关，商旅停业，亲朋各以美食相赠，相互拜访，欢乐地过一个"安身静体"的节日。魏晋时，冬至被称为"亚岁"，民众要向父母长辈拜节。唐宋时期，冬至是祭天祀祖的日子，皇帝在这天要到郊外举行祭天大典，百姓在这一天要向父母尊长祭拜。明清两代，皇帝均有祭天大典，举行百官向皇帝呈递贺表的仪式，官员互相祝贺，犹如今之元旦。

三、冬至习俗

周朝习俗，冬至之日，君子要洁净身心，深居简出，屏除声色，禁绝声色，内心宁静，以等待阴阳时令的变化。魏晋南北朝时期，在冬至这一天，妇女"进履袜于姑舅"。在唐宋时期，民俗认定一年中的三大节是正旦、寒食和冬至。朝廷于冬至之日祭天，百姓更换新衣，节食馄饨，举杯相庆。俗语云："新年已到，皮鞋底破，大捏馄饨，一口一个。"皇宫举行冬至大朝会，礼仪与元旦大朝会相同。各官衙冬至放假五天，军队停止校阅三天，店铺停市三天。

相传冬至吃饺子的习俗是为纪念医圣张仲景冬至舍药而留下的。张仲景著有集医家之大成的《伤寒论》，为中医学经典。相传东汉时，张仲景曾任长沙太守，后辞官返乡时，于冬至之日见乡民饥寒交迫，冻烂耳朵，便让弟子在南阳东关搭医棚，支起大锅，向民众施舍"祛寒娇耳汤"，将羊肉，辣椒和一些祛寒药物放在锅里熬煮，然后将羊肉、药物捞出来切碎用面包成耳朵样的娇耳，煮熟后分给每人两只"娇耳"和一碗肉汤，以治好冻疮。后人为纪念张仲景，吃娇耳状的饺子。如按此说法，中国人冬至吃饺子，早在汉代就已出现了。不过这个故事并无根据，甚至可以说，在中国历史上很长一段时间，根本没有饺子这种食物。有的只是和饺子长很像的馄饨。江南习俗：冬至吃汤圆，既可用于祭祖，也用于亲朋互赠。南方有冬至食馄饨习俗，象征咬破混沌天地，迎来新生。天津人则吃冬至面，谓面条长长，祝白昼一天天长了。

四、九九消寒

"数九"又称"冬九九"，指一年中由较冷到最冷又回暖的一段时间。大致是从农历的十一月到转年的正月下旬这段时间。即从冬至日起，每九天为一单位，冬至日进一九，以后依次为二九、三九以至九九。共计八十一天，正所谓数九寒天，九尽寒尽，也就到了春暖花开的时节。数九实际是民间的一种盼春习俗。南朝梁代宗懔的《荆楚岁时记》中有"俗用冬至日数及九九八十一日，为寒尽"的记载，因此可推断至少在南北朝时已经流行。

"九九歌"巧妙地利用自然界的物候现象，生动反映天气变化规律。我国地域广阔，各地"九九歌"不尽相同，但内容大同小异。如流传于京津等北方地区的"九九消寒歌"为

"一九二九不出手，三九四九冰上走，五九六九沿河看柳，七九河开，八九雁来，九九加一九，耕牛遍地走"。而湖南的"九九歌"则为"冬至是头九，两手藏袖口；二九一十八，口中似吃辣椒；三九二十七，见火亲如蜜；四九三十六，关住房门把炉守；五九四十五，开门寻暖处；六九五十四，杨柳树上发青绦；七九六十三，行人脱衣衫；八九七十二，柳絮满地飞；九九八十一，穿起蓑衣戴斗笠。"

五、冬至养生

冬至这天，黑夜最长，白天最短。一年之中，太阳光照到了最低点，似乎是最昏暗的日子。但是，按照古人"物极必反"的辩证观，在白天最短、黑夜最长的时刻，恰恰是事物发生变化的转机，新一轮阳升阴减的生机业已开始。孔子在讲解《易经》时，专门讲到冬至，说"至日闭关，商旅不行，后不省方"。所谓"至日闭关"，即冬至这天所有城门关口都关闭，相当于今天的交通管制。所谓"商旅不行"，即这天出门在外旅行的、做生意的人都要静止下来。所谓"后不省方"，是说连皇帝在这一天都不外出巡视，以遵循先王古训。

在冬至这天，应养精蓄锐，静坐养生，静待其变，心中守着那团阳气，憧憬着对未来的期待：冬天既然来了，那春天还会远吗？

六、冬至赏诗

邯郸冬至夜思家

唐·白居易

邯郸驿里逢冬至，抱膝灯前影伴身。

想得家中夜深坐，还应说着远行人。

——在唐代，冬至是个重要的节日，朝廷里放假，民间互赠饮食，穿新衣，贺节，一切和春节相似。这样一个佳节，在家中和亲人一起欢度，才有意思。然而，诗人如今在邯郸的客店里，正所谓"每逢佳节倍思亲"。"抱膝灯前影伴身"描写形影相吊，身心孤独。只有抱膝枯坐的影子陪伴着抱膝枯坐的身子，其孤寂之感，思家之情，已溢于言表。他在思家之时想象出来的那幅情景，却是家里人如何想念自己。这个冬至佳节，由于自己离家远行，所以家里人一定也过得很不愉快。当自己抱膝灯前，想念家人，直想到深夜的时候，家里人大约同样还没有睡，坐在灯前，"说着远行人"吧！这首小诗的佳处，正在于以直率而质朴的语言，道出了一种人们常有的生活体验，因而才更显得感情真挚动人。

神荼軍碑

月令图 一月图

　　每年阳历的1月5日或6日，太阳运行轨道到达黄经285度时，为"小寒"节气。小寒是冬季第五个节气，它与大寒、小暑、大暑及处暑一样，都是表示气温冷暖变化的节气。《月令七十二候集解》："十二月节，月初寒尚小，故云。月半则大矣。"小寒的意思是天气渐寒，尚未大冷。中国大部分地区小寒和大寒期间都处于全年最冷的时期。"小寒"一过，就进入"出门冰上走"的三九天了。

一、小寒气候

中国古代把小寒分为三候："一候雁北乡（向），二候鹊始巢，三候雉始雊"，古人认为候鸟中大雁是顺阴阳而迁移的，此时阳气已动，所以大雁开始向北迁移，至立春后皆归矣。此时北方到处可见到喜鹊，并且感觉到阳气渐生而开始筑巢；第三候"雉雊"的"雊"是野鸡鸣叫的意思，雉（野鸡）在接近四九时会察觉到阳气的滋长而发出鸣叫寻找同伴。

民谚云"三九四九，冰上行走""小寒大寒，冻作一团"。小寒时节，北京的平均气温一般在-5℃上下，极端最低温度-15℃以下；中国东北北部地区，这时的平均气温-30℃左右，极端最低气温可低至-50℃以下，午后最高气温平均也不高于-20℃，真是一个冰雕玉琢的世界。黑龙江、内蒙古和新疆北部地区及藏北高原，平均气温-20℃上下，河套以西地区平均气温-10℃上下，都是一派严冬的景象。秦岭、淮河一线平均气温则在0℃左右，此线以南已经没有季节性的冻土，冬作物也没有明显的越冬期。这时的江南地区平均气温一般在5℃上下，虽然田野里仍是充满生机，但亦时有冷空气南下，造成一定危害。

二、小寒农事

畜牧——猪舍、牛舍、羊栏要关闭门窗，提高舍内温度。牛羊外出放牧应迟出早归。由于野外牧草枯萎，牛羊要给予人工补饲。饲养蛋鸡专业户，为提高产蛋率，应增加人工光照；另外，在饮水中加入适量红糖，补充冬季寒冷引起的能量不足；冬季，偶蹄家畜猪、牛、羊等打好防疫针，防范外来疫源感染而引起急性、烈性传染病的发生。对猪流行性腹泻病、传染性胃肠炎、传染性支气管炎、禽流感等疫病防治，做好通风消毒等工作。

蔬菜——适时播种、科学管理。中、小工棚的西瓜、西葫芦、黄瓜，应在小寒前后在冬暖棚内的营养钵里育苗。对长势较弱的黄瓜，番茄、辣（甜）椒等越冬作物应结合浇水进行追肥。另外，需注重病害防治。由于阴雨雾天气较多，棚内湿度大，易诱发作物的灰霉病、霜霉病、白粉病等。在防治上应施用烟雾剂或粉尘剂，要集中农药交替使用，有效提高防治效果。

小寒谚语："小寒寒，惊蛰暖""小寒暖，立春雪""小寒大寒，冷成冰团""小寒不寒，清明泥潭""小寒无雨，小暑必旱""小寒大寒，准备过年""腊七腊八，冻裂脚丫""腊月三场白，来年收小麦""小寒大寒不下雪，小暑大暑田开裂""腊月大雪半尺厚，麦子还嫌被不够""数九寒天鸡下蛋，鸡舍保温是关键"等。

三、小寒民俗

居民日常饮食偏重于暖性食物，如羊肉、狗肉，其中又以羊肉汤最为常见，有的餐馆还推出当归生姜羊肉汤，近年来，一些传统的冬令羊肉菜肴重现餐桌，再现了南京寒冬食俗。南京人在小寒季节里有一套充满地域特色的体育锻炼方式，如跳绳、踢毽、滚铁环、挤油渣渣（靠着墙壁相互挤）、斗鸡（盘起一脚，一脚独立，相互对斗）等。如果遇到下雪，则更是欢呼雀跃，打雪仗、堆雪人，很快就会全身暖和，血脉通畅。

大江南北，腊八粥飘香，腊八一般在小寒到大寒之间，南北各地都有喝腊八粥的习俗。相传当年佛祖释迦牟尼修行中因饥饿昏倒，得到好心的牧牛女献上的乳糜（用乳汁调成的粥），得以活命，这天正是十二月初八日，佛家为记念此事，每逢这一天便熬粥送门徒。至今，每到腊八日，各寺庙都要熬粥，分食给信徒和民众，腊八也成了佛祖成道纪念日。腊八粥食材很多，据《燕京岁时记》载："腊八粥者，用黄米，白米，江米，小米，菱角米，栗子，红小豆，红枣等和水煮熟，再用桃仁，杏仁，瓜子仁，花生，榛子仁，松子仁作点染。"南方的腊八粥还会加入莲子和桂圆，

"小孩儿，小孩儿你别馋，过了腊八就是年，腊八粥，喝几天，哩哩啦啦二十三。二十三，糖瓜粘；二十四，扫房子；二十五，糊窗户；二十六，炖大肉；二十七，宰公鸡；二十八，把面发；二十九，贴倒酉；三十晚上熬一宿，大年初一扭一扭。"这是一首流传在天津地区的儿歌，只要一唱，立刻把我们带进春节的喜庆之中。

四、小寒养生

小雪节气虽已数九寒天，人们进补应讲章法，"因人施膳"，了解饮食宜忌的含义，元代《饮食须知》强调："饮食，以养生，而不知物性有相宜相忌，纵然杂进，轻则五内不和，重则立兴祸患。"因而在进补时不要被"五味之所伤"，应根据自身情况有选择地进补。

说到进补，自古就有"三九补一冬，来年无病痛"的说法。

人们在经过了春、夏、秋近一年的消耗，脏腑的阴阳气血会有所偏衰，合理进补即可及时补充气血津液，抵御严寒侵袭，又能使来年少生疾病，从而达到事半功倍之养生目的。在冬令进补时应食补、药补相结合，以温补为宜。

中医认为寒为阴邪，最寒冷的节气也是阴邪最盛的时期，从饮食养生的角度讲，要特别注意在日常饮食中多食用一些温热食物以补益身体，防御寒冷气候对人体的侵袭。民谚曰："冬天动一动，少闹一场病；冬天懒一懒，多喝药一碗。"这说明了冬季锻炼的重要性。在这干冷的日子里，宜多进行户外的运动，如早晨的慢跑、跳绳、踢毽等。在精神上宜静神少虑、畅达乐观，不为琐事劳神，心态平和，增添乐趣。在小寒节气里，患心脏病和高血压病的人往往病情加重，患"中风"者增多。中医认为，人体内的血液，得温则易于流动，得寒就容易停滞，所谓"血遇寒则凝"，说的就是这个道理。尤其是老年人，更要御寒保暖。

五、小寒赏诗

落 梅（节选）

宋·陆游

雪虐风饕愈凛然，花中气节最高坚。

过时自合飘零去，耻向东君更乞怜。

——诗人热烈赞颂梅花"雪虐风饕愈凛然，花中气节最高坚"

的品格。"耻向东君"之东君，本指东方司春神，在诗中喻指奸臣当道之南宋朝廷。陆游因主战而被朝廷闲置，但诗人不改初衷，始终以乞怜为耻。梅花任飘零，诗人任闲置，只要在寻梅、咏梅中，把情怀心志融入其中，即为逆境中之乐趣也。

寒 夜

宋·杜耒

寒夜客来茶当酒，竹炉汤沸火初红。

寻常一样窗前月，才有梅花便不同。

——头两句写寒夜有客来访，主人忙点火煮茶待客，可见宾客情谊之深厚。后两句转写窗前明月，一旦有了梅花陪伴便觉韵味无穷。诗人借梅花赞颂来客的高雅芬芳，借寒夜的红火沸汤反衬友谊的温馨和心灵的共鸣。

吴昌硕　红梅图

大寒节气在每年阳历的 1 月 20 日前后，此时太阳黄经为 300 度，寒潮频繁出现，南下频繁，是我国大部地区一年中最寒冷时期。风大、低温、地面积雪不化，呈现出冰天雪地、天寒地冻的严寒景象。大寒是中国二十四节气最后一个节气，数九严寒，一年中最寒冷的时候。春节一般都在大寒节气。过了大寒，又迎来新一年的节气轮回。

古代将大寒分为三候："一候鸡乳；二候征鸟厉疾；三候水泽腹坚。"就是说到大寒节气母鸡就能够产蛋了；而鹰隼之类的征鸟，却正处于捕食能力极强的状态，盘旋于空中到处寻找食物，以补充身体的能量抵御严寒；在一年的最后五天内，水域中的冰一直冻到水中央，且最结实、最厚。《月令七十二候集解》："十二月中，月初寒尚小，故云。月半则大矣。"

一、大寒气候

大寒时节，强冷空气带来大风降温天气，雨雪、冰冻都能形成灾害性天气。但冷空气也有助于地表热量交换，有助于自然界的生态平衡，寒潮带来的低温可大量杀灭害虫病菌，寒潮带来的巨大风能资源，极具开发价值。

大寒节气，大气环流比较稳定，环流调整周期为 20 天左右。此种环流在调整时，常出现大范围雨雪天气和大风降温天气。当东经 80 度以西为长波脊，东亚为沿海大槽，我国受西北风气流控制及不断补充的冷空气影响便会出现持续低温。同小寒一样，大寒也是表示天气寒冷程度的节气。近代气象观测记录虽然表明，在我国部分地区，大寒不如小寒冷，但是，在某些年份和沿海少数地方，全年最低气温仍然会出现在大寒节气内。所以，应继续做好农作物防寒，特别应注意保护牲畜安全过冬。

二、大寒农事

大寒节气里，各地农活依旧很少。北方地区老百姓多忙于积肥堆肥，为开春作准备；或者加强牲畜的防寒防冻。南方地区则仍加强小麦及其他作物的田间管理。广东岭南地区有大寒联合捉田鼠的习俗。因为这时作物已收割完毕，平时看不到的田鼠窝多显露出来，成为当地集中消灭田鼠的重要时机。除此以外，各地人们还以大寒气候的变化预测来年雨水及粮食丰歉情况，便于及早安排农事。

大寒农谚："小寒大寒，杀猪过年""过了大寒，又是一年""大寒到顶点，日后天渐暖""五九六九，沿河看柳""春节前后闹嚷嚷，大棚瓜菜不能忘"等。

三、春节民俗

大寒时节，正值岁末，我国最重要的传统节日春节，大多处在这个节气中。

春节是古代农业社会的遗存，为何在冬季过这个最隆重的节日呢？究其原因，大致有七：一是农闲季节，不折腾不热闹，怎能消耗剩余精力；二是秋收之后，可尽享一年劳动收获之成果；三是冰天雪地，利于食品贮存；四是狩猎黄金时节，可为节日食谱增添动物类脂肪食物；五是年根底下，可从容祭祀祖先和神灵；六是腾下手来，调整人际关系，谈婚论嫁，以娶妻生子，延续香火；七是通过近三个月的休整，恢复体力，以利于明年的春耕。

春节起源于农耕社会，各种传统风俗反映出农耕社会中人们的憧憬和祝福。春节处在年度周期与四季循环新旧交替时间的关口，其节俗丰富多彩、生动活泼，充满了人性伦理之美、情感之美、艺术与智慧之美。从"腊八"开始，直至正月十五灯节结束，在这一个多月里，分为备年、过年、贺年三个阶段。

春节文化是中华民族文化的集大成者，由六大元素组成：一、以换新衣、大扫除为代表的卫生习惯文化；二、以祭祀、鞭炮、春联为代表的民间信仰文化；三、以守岁为代表的家人团聚文化；四、以拜年为代表的亲情交流文化；五、以年夜饭为代表的饮食特产文化；六、以灯会、舞狮为代表的娱乐竞技文化。

春节期间，各地习俗不同，还有祭拜祖坟、贴年画、贴吊钱、贴窗花、接财神、点蜡烛、走亲戚、赶庙会、吃元宵、走百病、放烟火、演戏说书、花会表演、高跷旱船、耍龙舞狮等林林总总的活动，极尽天伦之乐。春节不仅是中国一宗巨大的文化遗产，同时也是世界非物质文化遗产的重要组成部分，享受、展示春节文化是中国人的责任，同时也是在为世界传承文化。春节，犹如高悬在我们民族天幕上的一盏永恒明灯，以其独特的光芒辉映着当代中国人的生活。

四、大寒养生

大寒前后，年底应酬多，工作忙，缺乏运动，加上室内暖气和室外寒冷的冷热频繁交替，很多人一不小心就感冒了。预防感冒除了加强锻炼，还可以通过食疗增加抵抗力。人们在经过了春夏秋季的大忙之后，进入了"冬三月"的农闲季节，而随着大寒的到来，冬季农闲接近尾声，已隐隐感受到大地回春，此刻人们的身、心状态也应随着节气的变化而加以调整。

《吕氏春秋·尽数》："天生阴阳寒暑燥湿，四时之化，万物之变，莫不为利，莫不为害。圣人察阴阳之宜，辨万物之利，以便生，故精神安乎形，而年寿得长焉"。就是说，顺应自然规律并非被动适应，而是采取积极主动的态度，首先要掌握自然界的变化规律，以防御外邪的侵袭。

五、大寒赏诗

村居苦寒（节选）

唐·白居易

八年十二月，五日雪纷纷。

竹柏皆冻死，况彼无衣民。

回观村闾间，十室八九贫。

北风利如剑，布絮不蔽身。

唯烧蒿棘火，愁坐夜待晨。

乃知大寒岁，农者尤苦辛。

——诗作大意：元和八年的十二月，接连五天大雪纷纷。竹子柏树都被冻死，何况那缺衣的农民！遍观村里所有人家，十户有八九家贫。寒风吹来好似利剑，衣衫单薄不能遮身。只有点燃蒿草取暖，终夜愁坐盼望清晨。我才知道大寒年岁，农人更加痛苦酸辛。

此部分为诗作第一部分，写农民在北风如剑、大雪纷飞的寒冬，缺衣少被，夜不能眠，过得十分痛苦。

大寒出江陵西门

宋·陆游

平明羸马出西门，淡日寒云久吐吞。

醉面冲风惊易醒，重裘藏手取微温。

纷纷狐兔投深莽，点点牛羊散远村。

不为山川多感慨，岁穷游子自消魂。

  ——诗作大意是：大寒凌晨，诗人骑瘦马走出城门；暗淡的阳光透过寒冷的云层忽隐忽现。北风扑脸，使人在微醺中惊醒，把手藏进厚厚的皮衣里才感到些许的温暖。狐兔纷纷奔向深邃的山林，牛羊点点散落于远村郊野。我并非因山川寂寥而生慨叹，只因岁末不能返乡过年而断肠。

四时

SISHI

节令

JIELING

谭汝为 赵建忠 著

彭连熙 绘

HUA HONGLOU

话红楼

天津出版传媒集团 ┃ 天津人民美术出版社

前言

赵建忠

清宗室文人爱新觉罗·永忠《延芬室集》内收《因墨香得观〈红楼梦〉小说吊雪芹三绝句》，其中一首这样写道：

> 传神文笔足千秋，不是情人不泪流。
>
> 可恨同时不相识，几回掩卷哭曹侯！

如果说《红楼梦》在一座座文学的崇山峻岭之间可比作"世界屋脊"——珠峰的话，那么曹雪芹无疑就是星汉灿烂的文学星空中最醒目的一颗星。当他在乾隆初年草创《红楼梦》时，其亲密合作者脂砚斋已开始了同步评点，这就是被红学研究者艳称的"一芹一脂"。脂评中多处感慨曹雪芹的平生遭际，透露了《红楼梦》人物原型及故事背景与曹家关联的一些内幕。曹雪芹高祖曹振彦曾"从龙入关"，据《八旗满洲氏族通谱》《五庆堂辽东曹氏宗谱》所述，其上世家谱序列为：曹锡远——曹振彦——曹玺——曹寅——曹颙、曹頫。曹玺之妻孙氏当过康熙皇帝的保姆。康熙二年（1663），曹玺担任江宁织造之职，病故在江宁织造任上。曹玺死后，康熙命其子曹寅任苏州织造，又继任江宁织造、两淮巡盐史等职，此后曹寅又选授銮仪卫事，侍康熙左右。曹寅

一代是曹家的鼎盛时期，曹寅的两个女儿都被选作王妃。康熙六次南巡，五次都以曹家江宁织造署为行宫，后四次是在曹寅任职期间内，可见曹家与康熙帝关系之亲密。《红楼梦》第四回写的"贾史王薛"四大家族，实际与江南"三织造"——江宁织造、苏州织造、杭州织造的故事原型相关，所谓"一荣俱荣，一损俱损"。脂砚斋评语针对《红楼梦》中描写"元妃省亲"涉及的人物原型及故事背景时，特别点出："借省亲事写南巡，出脱心中多少忆昔感今。"雍正上台后先抄了曹家亲戚、苏州织造李煦的家，后曹頫因"骚扰驿站"获罪，以"行为不端，织造款项亏空甚多"及"将家中财物暗移他处，企图隐蔽"被革职抄家。曹頫入狱被"枷号"，曹雪芹亦随曹頫等家人移居北京。"诗书家计俱冰雪，何处飘零有子孙？"清代诗人屈复当年怀念曹寅的诗句不幸竟成为谶语。无根的漂泊是曹雪芹生命中的不能承受之轻，他在《红楼梦》中对自己及家族命运进行了"天问"式的思考。"陋室空堂，当年笏满床；衰草枯杨，曾为歌舞场"，正是曹雪芹家世浮沉的形象写照。生当荣华、终于零落、绳床瓦灶、血泪著书，此《红楼梦》作者之经历。

《红楼梦》中人物薛宝钗曾提到，贾宝玉是最能杂学旁收的；然而通读作品后读者会发现，曹雪芹的知识涵盖了各个领域，园林、诗词、养生、美食、音乐、戏曲、管理等应有尽有，贾宝玉的知识远不及曹雪芹丰富。俗语说"半部论语治天下"，读者读懂、读透了《红楼梦》，不仅读懂了人生，还可以获取百科全书式的知识。

《红楼梦》这部经典包罗万象，其中书画在《红楼梦》的书斋琴房、茶室精舍中的描写颇多，如第四十回描写贾探春的房子：

> 探春素喜阔朗，这三间屋子并不曾隔断。当地放着一张花梨大理石大案，案上磊着各种名人法帖，并数十方宝砚，各色笔筒，笔海内插的笔如树林一般。那一边设着斗大的一个汝窑花囊，插着满满的一囊水晶球儿的白菊。西墙上当中挂着一大幅米襄阳《烟雨图》，左右挂着一副对联，乃是颜鲁公墨迹。

此外，曹雪芹还从仇英、冷枚等明清画家作品中获得了《红楼梦》的创作灵感，如第五十回贾母针对宝琴披着凫靥裘站在山坡上遥等这眼前的景色问众人："这山坡上配上他的这个人品，又是这件衣裳，后头又是这梅花，像个什么？"众人异口同声将明代画家仇英的《艳雪图》与其进行比照，贾母却说："那画的那里有这件衣裳？人也不能这样好！"贾母可以看作是曹雪芹的代言人，斯时斯景已无法用仇英的《艳雪图》画境比拟；类似的情境还有清代画家冷枚《仕女图》呈现的葬花形象，人物造型接近林黛玉，但曹雪芹在《红楼梦》中创作的画面，意境更为深邃，这得益于他本人的绘画修养，时人对此有文字记载，如敦敏《赠芹圃》诗："寻诗人去留僧舍，卖画钱来付酒家"，张宜泉《伤芹溪居士》诗前小注："其人素性放达，好饮，又善诗画，年未五旬而卒。"

以《红楼梦》为书画创作取材灵感来源有着悠久的历史传统。

早在《红楼梦》诞生的清代，就有《红楼梦图咏》问世。画家系改琦（1773—1828），其仕女画衣纹细秀，造型纤细，敷色清雅，并善于运用景物烘托，因其画风迎合了当时的大众口味而广受欢迎。其画艺能臻此境界，首先应归于改琦本人对《红楼梦》的独到理解，如他刻画薛宝钗时融入了自己的想法，设置的"宝钗扑蝶"造型画面中的"纨扇"，很可能就是"秋风纨扇"之隐喻。与改琦《红楼梦图咏》仕女画风格迥异的，是现藏于大连旅顺博物馆的230幅《红楼梦》工笔重彩画。绘画风格以工笔严谨、造型准确为创作宗旨，最大特点是采用散点透视，无论何种风格的建筑，每一间每一层中栏杆、窗棂与人物活动均极为精细。这组工笔重彩画中绘有山水人物、花卉树木、楼台亭阁、珍禽走兽、舟车轿舆、鬼怪神仙等，几乎囊括全部画科内容。组画依次描绘出全本《红楼梦》的故事情节，每个章回情节所用画幅数量亦不尽相同。画面围绕原著的故事情节，对主要人物表现得细致入微，尤其注重面部肤色、肌纹之渲染。人物的服饰图案、佩饰等或施加厚粉，或以泥金勾染，使整个画面达到了富丽堂皇的效果。为了表现植物生态，各种花木或勾花点叶，或没骨画法，山峦湖石勾皴兼用，并敷染石青、石绿和赭石。值得注意的是，楼台亭阁等建筑近大远小，建筑的斗拱、立柱和窗槅、门棱等亦有明暗转折变化，看得出是在技法上吸纳了西洋绘画的因素。作者将各种人物活动情节置于特定的环境之中，勾画出一幅幅情景交融、富有诗意的画面，其情节之详尽、笔法之精细、篇幅之宏大，为清代同题材绘画作品所少见。

民国时期，著名"湖社画会"骨干成员陈少梅饮誉画坛的"金陵十二钗"，是收藏界追捧的艺术珍品。此后，沪上刘旦宅、戴敦邦笔下的同题作品，或以清新雅健取胜，或以水墨白描见长。还有天津杨德树创作的组画"金陵十二钗"，给人留下了深刻印象。他在传统画法的基础上，借鉴西画的透视法、色彩法处理画面景物且不露痕迹，以中国画的笔墨为骨，色泽明艳动人。其人物刻画注重写情传神，不但人物刻画惟妙惟肖，景物的设置也是经过了深思慎酌，对人物的境遇和心情起到了很恰当的渲染作用。

当代画家彭连熙生长在一个有文化底蕴的书香家庭，从小就对家里收藏的字画、画册、字帖感兴趣，及年渐长，对绘画日益痴迷，他临摹了《芥子园画谱》等中国美术史上的代表作品。彭连熙对《红楼梦》很偏爱，从中体味到中国传统文化的精髓，对家藏《红楼梦》中的绣像人物临摹得惟妙惟肖。在继承传统文人画衣钵的基础上，彭连熙结合曹雪芹塑造的艺术形象，创作出工笔重彩绢本精绘《红楼梦》人物画。画中人与所处的环境浑然天成，真情凝聚于笔端，洋溢于纸帛绢素之上。他将布局经营、人物刻画和与之相适应的笔墨形式融贯一体，创作的《红楼梦》人物画充满着鲜明的古典氛围，以下是他创作的工笔重彩绢本精绘《红楼梦》人物画与二十四节气的完美融合。

目录

立春

陆束之书文赋

元春
春梦三更
啼涙深院
长门愁锁
日如年
丙戌仲春
為红楼金钗
進像活上题
連熙作

一元复始，万象更新。"立春"系二十四节气之首，按照古人对岁时节令的理解，从农历正月初一开始，直到正月十五元宵节，都可以算作"立春"期间的春节。曹雪芹在《红楼梦》中的"元春省亲"描写，恰巧在元宵节这天，故选择这个人物为二十四节气的开篇，先介绍一下贾元春这个艺术形象。

贾元春是贾政与王夫人所生之嫡长女，生于正月初一而取名元春。成人后的她因"贤孝才德"被选入皇宫中充任女史，进封凤藻宫尚书，加封贤德妃。元春的封妃使贾府成为皇亲国戚，如唐代的杨贵妃，"一人得道，仙及鸡犬"。《红楼梦》中为迎接元春在元宵节那天归宁，贾府大兴土木建造了省亲别墅，即《红楼梦》中主要人物活动的环境——大观园。本来立春后春风送暖、冰河融化，但元春省亲时却和家人称身处的皇宫是"不得见人的去处"，可见她内心的郁闷与时令的不协调，曹雪芹给贾元春下的判词是：

二十年来辨是非，榴花开处照宫闱。

三春争及初春景，虎兔相逢大梦归。

配着判词图画的弓及上面的香橼，分别是"宫"与"元"的谐音，指元春入宫成为妃子。判词大意是说，元春二十岁入宫时，如火红的榴花照耀着宫闱，三个妹妹迎春、探春、惜春，均不及她的荣华富贵。随着元春加封为贤德妃，贾府可谓"烈火烹油，鲜花着锦"，但元春还是死于皇宫内两派政治势力的恶斗之中。脂砚

斋评语针对《红楼梦》中第十八回省亲时元春点的第二出戏指出："《长生殿》中伏元妃之死"，这从《红楼梦》第五回关于她的曲子《恨无常》也能窥测一二：

喜荣华正好，恨无常又到。眼睁睁，把万事全抛。荡悠悠，把芳魂消耗。望家乡，路远山高，故向爹娘梦里相寻告，儿命已入黄泉，天伦呵，须要退步抽身早！

元春究竟是怎么死的？随着曹雪芹八十回后原稿的"迷失"，读者已难知其详。在《红楼梦》版本传播史上，脂砚斋残抄本后出现有程伟元、高鹗整理的百二十回刻本，其中第九十五回中是这样写的：

且说元春自选了凤藻宫后，圣眷隆重，身体发福，未免举动费力。每日起居劳乏，时发痰疾……元春目不能顾，渐渐脸色改变……小太监传谕出来说"贾娘娘薨逝"。

按照以上描写，元春似乎是因圣眷隆恩、生活舒心导致身体发福而引发病症。由于古代医学水平较低，对于元春这样的病症束手无策，她也只能死去。从生理角度而言，即使地位再尊崇的大人物迟早也会死亡；但从文学角度考虑，元春之死肯定存在蹊跷，里面隐藏着大文章，而且她的死与贾府命运应有密切联系。元春省亲时言行妥帖周到及后来安排众姐妹和贾宝玉入住大观

园，显示出她是个头脑清醒、注重感情的女子。元春既是贾府最大的政治靠山，也是贾宝玉与薛宝钗"金玉良缘"的支持者。元春在一次赏赐礼物给众人时，独贾宝玉与薛宝钗的相同，显示了她在贾宝玉择偶问题上的倾向。她给贾府延续了繁华，但同时也带来了副作用，这就是在宗法社会里本应支撑门户的男人们失去了上进的动力，贾府也因此失去了振兴机会，男人们如贾赦、贾珍、贾琏等人，仗着元春这个靠山，在外有恃无恐，从而加速了贾府的衰落灭亡，最后获罪被抄。从曹雪芹写的《恨无常》曲可以推断，贾元春应是皇宫内部政治斗争的牺牲品。尽管她贵为皇妃，属于封建最高统治集团的一员，却仍然难逃"千红一哭、万艳同悲"的悲剧结局。当然，由于文字狱异常残酷，即使《红楼梦》中涉及皇帝描写，曹雪芹也很谨慎，不可能去正面表现皇室政治斗争的敏感事件，他主要还是围绕大观园少女的悲剧和荣、宁两府的盛衰展开叙述。大观园和荣、宁两府以外的人物和故事情节，在《红楼梦》中即使偶尔写到，也不过是背景烘托。曹雪芹开篇还特别声明："此书不敢干涉朝廷"，《红楼梦》仅是"大旨谈情"。

元春省亲是在正月十五，然而直到这天的傍晚才动身，可能是因为元宵节较重要，皇宫里也有些必须参加的活动，皇帝会出席。作为宫廷的重要一分子，元春此时应在场，所以要等皇宫内的礼仪程序完成后，她才能回家省亲。元春省亲排场很大，她乘坐的是八人抬的"金顶金黄绣凤版舆"。版舆入了贾府大门、过了仪门、进了事先安排好的一院落大门后，太监等退去，女官人方引领元春下舆，更衣毕又上舆进园游览。曹雪芹之所以将元春

省亲排场写得这样盛大，目的是用高贵的地位反衬其"高处不胜寒"的寂寞心境。限于皇妃身份，元春省亲时还不能直接见自己的父亲贾政，只能隔着珠帘与他说话，开口便是"田舍之家，虽齑盐布帛，终能聚天伦之乐；今虽富贵已极，骨肉各方，然终无意趣！"道尽了元春在深宫的孤独和对家人的思念。身为父亲的贾政，在君臣之礼下，虽有满心的话想对女儿说，却也只能说些冠冕堂皇的"外交辞令"。元春也同样以类似的套话回复父亲，说些"只以国事为重，暇时保养，切勿记念"等。众人谢恩已毕，执事太监启道："时已丑正三刻，请驾回銮"，元春听了，不由满眼又滚下泪来。她拉住贾母、王夫人的手不忍释放，再三叮咛"不须挂念，好生自养"。虽不忍别，怎奈皇家规范违错不得，只得忍心上舆去了。一场期待已久的会见，虽隆盛之至，却如昙花一现。元春在贾宝玉等人的陪同下，游览了刚建成不久的省亲别墅，并赐名为"大观园"，还题了一绝："衔山抱水建来精，多少功夫筑始成。天上人间诸景备，芳园应锡大观名。"出宫省亲本是凡人羡慕之极的好事，但元春本人却很伤感。曹雪芹是否在提醒读者：人生的终极追求目标，不是功名利禄，平平淡淡才是真，因此不要"反认他乡是故乡"。《红楼梦》写出了高居人上的元春复杂心情，所谓的人生高光时刻，也不过是瞬息的繁华。

清代王希廉、周绮夫妇都曾题咏贾元春，王希廉是著名的《红楼梦》评点家，周绮是画家，她以诗"椒房更比碧天深，春不常留恨不禁，修到红颜非薄命，此生又缺女儿心"配画，描绘了元春孤独的背影，诗和画道出了至亲骨肉咫尺天涯的悲剧。以后"元

春省亲"的题材，被不同年代的画家所取资。

当代画家彭连熙在人物画的造型方面进行了与时俱进的探索，形成了自己独特的艺术风格。贾元春是位气质高贵、娴静端庄的女子，彭连熙这幅作品，精准地运用色调、造型、线条，用色浓淡相宜又透入里层，鲜艳明丽的衣着饰物，发挥了工笔重彩的审美效能。通过眉梢、眼角的微妙变化，对贾元春神态的把握有独到之处。画中栏杆、湖石、玉栏虽精致却冰冷，反衬出凤冠霞帔的主人因囚困深宫、骨肉分离而难与人说的不尽凄凉。

雨水

神策軍碑

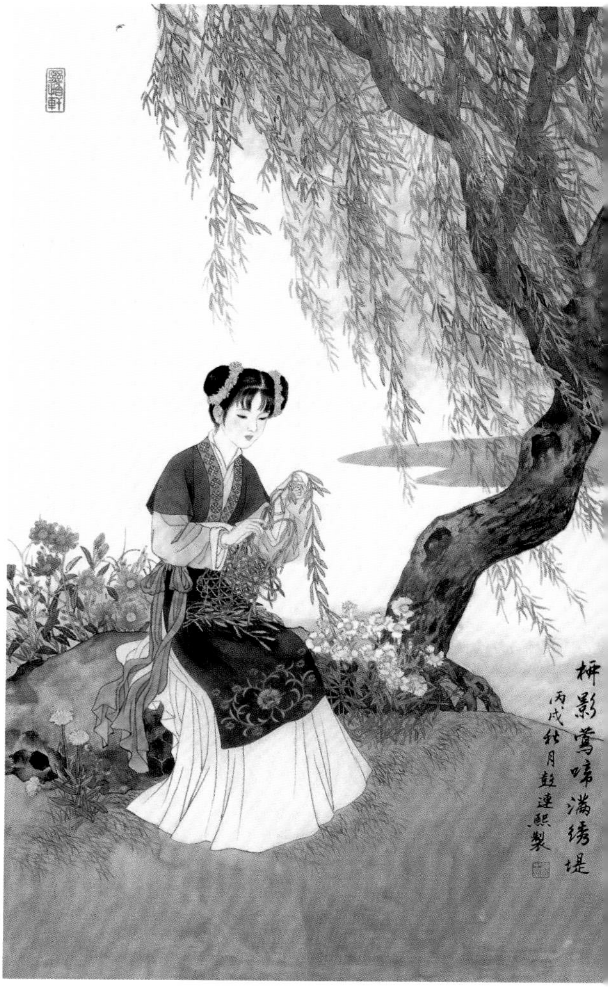

一候・獭祭鱼

二候・鸿雁来

三候・草木萌动

"雨水"系二十四节气中的第二个节气，这时冰雪融化、雨量增多，预示着冬去春来。春风杨柳万千条，呈现出一片欣欣向荣的景象。《红楼梦》中莺儿与蕊官在柳堤边走边编花篮的情节，令人心花怒放。

　　莺儿，本名黄金莺。因女主人薛宝钗嫌她这位贴身丫鬟名字太拗口，遂改叫莺儿。她难与"金陵十二钗"相提并论，与晴雯、袭人等丫鬟放在一起也相形见绌。第五回梦游"太虚幻境"中，贾宝玉除了翻看金陵十二钗"正册"外，还有"副册"和"又副册"。"副册"里只提到香菱一人，"又副册"提到晴雯和袭人两人。即使莺儿进入"副册"或"又副册"，也应靠后。至少读者看到的通行本《红楼梦》，莺儿连"判词"都没有。

　　莺儿第一次出场是在《红楼梦》中的第八回，因为她的一句话，让贾宝玉见识了薛宝钗的金锁，文字是这样描述的：

　　宝钗看毕，又从新翻过正面来细看，口内念道："莫失莫忘，仙寿恒昌。"念了两遍，乃回头向莺儿向道："你不去倒茶，也在这里发呆作什么？"莺儿嘻嘻笑道："我听这两句话，倒象和姑娘的项圈上的两句话是一对儿。"宝玉听了，忙笑道："原来姐姐那项圈上也有八个字，我也赏鉴赏鉴。"宝钗道："你别听他的话，没有什么字。"宝玉笑央："好姐姐，你怎么瞧我的了呢。"宝钗被缠不过，因说道："也是个人给了两句吉利话儿，所以錾上了，叫天天带着，不然，沉甸甸的有什么趣儿。"

　　宝玉看了，也念了两遍，又念自己的两遍，因笑问："姐姐这八个字倒真与我的是一对。"莺儿笑道："是个癞头和尚送的，他说必须錾在

金器上……"宝钗不待说完，便嗔他不去倒茶，一面又问宝玉从那里来。

尽管莺儿不能算《红楼梦》中的主要人物，但从以上文字可以看出，她对贯穿全书的"金玉良缘"关键故事情节，起到了一定的推动作用。

莺儿第二次出现是在《红楼梦》第三十五回，"巧结梅花络"就是关于她的经典场景。她手特巧，擅长打络子、编花篮等，还颇懂色彩的搭配。可以看出，莺儿对女红是相当熟悉的。

从莺儿身上，还折射出其女主人的性格。不同身份、不同性格的女主人，调教出来的丫鬟也不一样，如凤姐作威，平儿作福；探春理直，侍书气壮；惜春心冷，入画受屈；迎春懦弱，司棋性烈；黛玉飘逸，紫鹃明慧；湘云豪爽，翠缕直言；宝钗端庄，她的贴身丫鬟就活泼灵巧。莺儿的一举一动无不透着平时女主人薛宝钗对她的教导。莺儿与女主人的关系非常亲近，薛宝钗从薛府到贾府只带上她，而不是其他的人。续书写薛宝钗嫁给贾宝玉后，莺儿就成了薛宝钗的陪房丫头，也有一定道理。

作为我国民间广泛流传的手工艺品，"编柳"属于指尖上的艺术，《红楼梦》中的第五十九回，生动地再现了莺儿"编柳"的情景：

（蕊官）一径同莺儿出了蘅芜苑。二人你言我语，一面行走，一面说笑，不觉到了柳叶渚，顺着柳堤走来。因见柳叶才吐浅碧，丝若垂金，莺儿便笑道："你会拿着柳条子编东西不会？"蕊官笑道："编什么东西？"

莺儿道："什么编不得？顽的使的都可。等我摘些下来，带着这叶子编个花篮儿，采了各色花放在里头，才是好顽呢。"说着，且不去取硝，且伸手挽翠披金，采了许多的嫩条，命蕊官拿着。他却一行走一行编花篮，随路见花便采一二枝，编出一个玲珑过梁的篮子。枝上自有本来翠叶满布，将花放上，却也别致有趣。喜的蕊官笑道："姐姐，给了我罢。"莺儿道："这一个咱们送林姑娘，回来咱们再多采些，编几个大家顽。"说着，来至潇湘馆中。

　　清代方熏的《山静居画论》中有这样一段记载："石翁（沈周）《风雨归舟图》，笔法荒率，作迎风堤柳数条，远沙一抹，孤舟蓑笠，宛在中流。或指曰：'雨在何处？'仆曰：'雨在画处，又不在画处。'"所谓"雨在画处"，是说画面上没有直接画雨，但是通过数枝飘拂的柳丝、一抹淡淡的岸影，却使人产生满天风雨的实感。这就是人们通常所说的"烘云托月"艺术手法。画家彭连熙也常常采取这种艺术手法，善于抓住事物之间的各种联系，这幅莺儿雨水时节"编柳"的情节即是如此。工笔绘画并不单看细致程度，还要看画家对自然物象的解读与发掘程度。画家解读的层次越深，发掘的程度也就越深，作品的感染力就越强。彭连熙画中的莺儿眉眼传神，所画柳叶气韵生动、粗细匀称，体现出其深厚的线描功力。线描之道先要贯气，气贯则有节奏，这幅莺儿雨水时节"编柳"的画作，人物眉眼传神、心灵手巧，柳叶气韵生动、粗细匀称，人物与景物搭配得非常协调，体现出画家深厚的线描功力。

驚蟄

多寶塔碑及石經

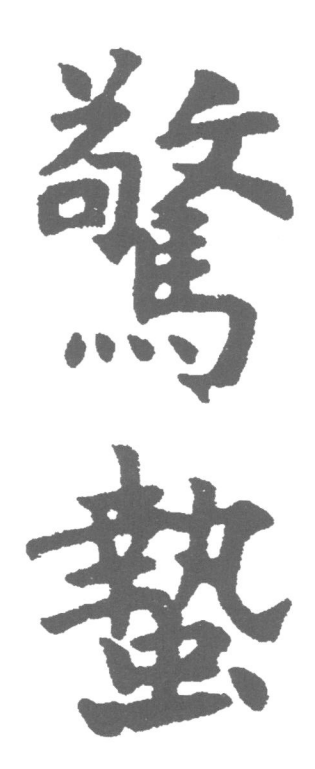

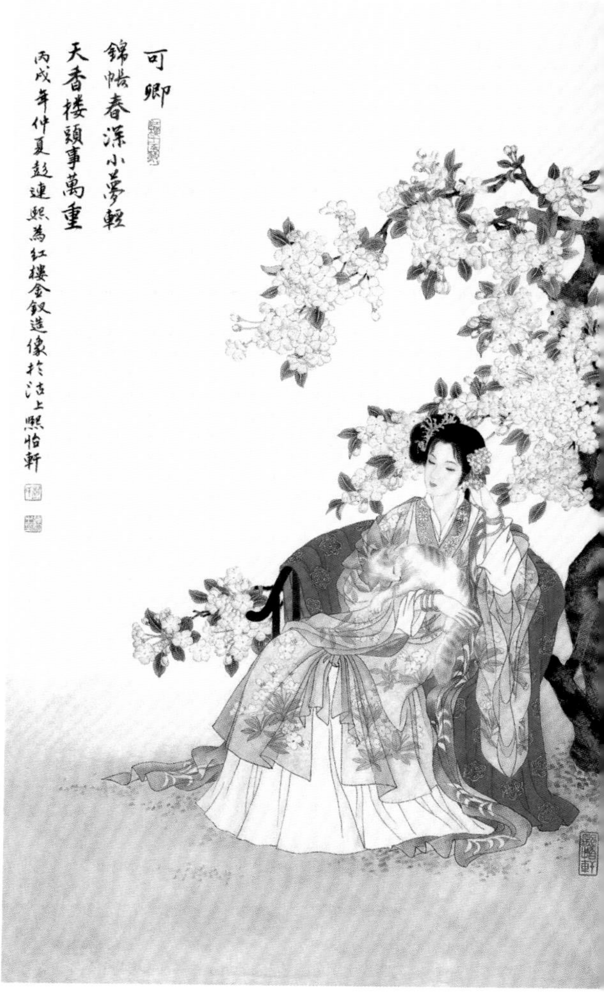
可卿
錦帳春深小夢輕
天香樓頭事萬重
丙戌年仲夏趙連熙為紅樓金釵造像於沽上熙怡軒

一候·桃始华

二候·仓庚鸣

三候·鹰化为鸠

惊蛰作为二十四节气中的第三个节气，在传统的农耕文明社会很受重视。顾名思义，所谓"惊蛰"，就是当大地回春时，潜伏于地下的各类冬眠昆虫被惊醒，万物开始复苏，画家彭连熙用画笔细腻地刻画出秦可卿在这个时节的心境。

秦可卿的判词是：

> 情天情海幻情深，情既相逢必主淫。
>
> 漫言不肖皆荣出，造衅开端实在宁。

配着判词的图画，是秦可卿悬梁自尽，但据《红楼梦》第十回张太医论其病症，并暗示会在春季病亡的情况，她应属于正常死亡：

（张太医）笑道："大奶奶这个症候，可是那众位耽搁了。要在初次行经的日期就用药治起来，不但断无今日之患，而且此时已全愈了。如今既是把病耽误到这个地位，也是应有此灾。依我看来，这病尚有三分治得。吃了我的药看，若是夜里睡的着觉，那时又添了二分拿手了。据我看这脉息：大奶奶是个心性高强聪明不过的人，聪明忒过，则不如意事常有，不如意事常有，则思虑太过。此病是忧虑伤脾，肝木忒旺，经血所以不能按时而至。大奶奶从前的行经的日子问一问，断不是常缩，必是常长的。是不是？"这婆子答道："可不是，从没有缩过，或是长两日三日，以至十日都长过。"先生听了道："妙啊！这就是病源了。从前若能够以养心调经之药服之，何至于此。这如今明显出一个水亏木

旺的症候来。待用药看看。"于是写了方子，递与贾蓉，上写的是：

益气养荣补脾和肝汤

人参二钱白术二钱土炒云苓三钱熟地四钱

归身二钱酒洗白芍二钱炒川芎钱半黄芪三钱

《好事终》曲，对秦可卿平生遭际做了补充：

画梁春尽落香尘。擅风情，秉月貌，便是败家的根本。箕裘颓堕皆以敬，家事消亡首罪宁。宿孽总因情！

秦可卿因与公公贾珍私通被丫鬟撞见，在天香楼悬梁自尽，契合判词的图画。"箕裘颓堕"，指儿孙不能继承祖业。

针对秦可卿真正的死因，脂砚斋专门写有评语：

秦可卿淫丧天香楼，作者用史笔也。老朽因有魂托凤姐贾家后事二件，岂是安富尊荣坐享人能想得到者？其事虽未行，其言其意，令人悲切感服，姑赦之，因命芹溪删去"遗簪""更衣"诸文，是以此回只十页，删去天香楼一节，少去四五页也。

评语表明，是脂砚斋命曹雪芹删去了原稿中秦可卿天香楼悬梁自尽的情节，读者看到的百二十回通行本续书，是她的正常死亡，但新时期有位名作家对秦可卿这个人物又做了过度诠释，就她的死因进行了想象中的"史料还原"，提出了迥异于前人的重

新解读。秦可卿作为弃婴被营缮郎秦业抱养，长大后嫁到豪门贾府，系贾珍之子贾蓉之妻，获得了合族上下的同声赞美，说明秦可卿的性格还不错。王熙凤与她感情尤深，时常去找她说话，秦可卿临死前还托梦给王熙凤，所言表明了她的见识不俗。秦可卿本是被弃于养生堂的孤儿，但那位作家认为她是康熙的孙女，即废太子胤礽的女儿，并称其研究目的是"从对秦可卿原型的研究入手，揭示《红楼梦》本文背后的清代康、雍、乾三朝的政治权力之争"。为了证明出身高贵，那位作家提供的证据是秦可卿卧室的陈设："武则天当日镜室中设的宝镜，飞燕立着舞过的金盘，安禄山掷过伤了太真乳的木瓜，寿昌公主于含章殿下卧的榻，同昌公主制的联珠帐"等，熟悉中国古典小说的都知道，这些夸张的描写是从诗词中脱化而并非实境，不仅《红楼梦》，其他小说也有过类似语句引用，不过就是渲染和暗示居室主人的生活态度罢了。再拿秦可卿为康熙朝废太子"女儿"来说，且不说文献无征，从爱新觉罗宗谱、皇室玉牒查不到这么一个"公主"，退一步讲，即使真有这样的"公主"，作为已经被圈禁的废太子又怎能把她潜送出府？再者，曹家乃百年望族、曹寅系海内名士，平日里宾客辐辏、门庭若市，而且交往的多是些"通天"人物，在那样的复杂政治背景下，曹家就如此敢冒天下之大不韪去私藏钦犯的骨肉？更何况，也没有任何文献证明曹家是什么"太子党"系，倒是有大量的历史档案足以证明曹家与康熙的关系非比寻常，看不出曹家为什么要与他对着干的感情基础或理由。《红楼梦》中"张太医论病细穷源"那一回，本是专为秦可卿看病而开的一张药方，

药方中的"人参、白术、云苓、熟地、归身",却被那位作家用索隐式的拆字、谐音法解读,认为前半句中"参"是天上"二十八宿"之一,"白术"为"半数"的谐音,后半句是"令熟地归身"的谐音,也就是皇室夺权最终失败后让秦可卿在自小寄养长大的贾府自尽。如果《红楼梦》是由这样一些隐语谶言构成,还要如此"猜谜"、像破译"密电码"那般去解读,这部作品也就不成其为"滴泪为墨、研血成字"的旷世巨著了。《红楼梦》的伟大,首先是因为充盈着宇宙人生的形而上思考,没有必要刻意求深去将这部写实巨著变成"文化谜藏",没有必要将曹雪芹的"一把辛酸泪"还原成"满纸荒唐言",中国古典小说发展史的轨迹表明,从"历史小说"向"人情小说"的衍变,是一种必然的进化,曹雪芹在《红楼梦》开卷就已将"历来野史"驳得体无完肤,因此不可能再去写被他否定的那些"皆蹈一辙"的"历史小说"。他深深关注的是现实中人性的美以及这种美在"集体无意识"氛围中令人心痛的毁灭,别说是一个"秦可卿"原型,就是整部清史也笼罩不住博大精深的《红楼梦》。诚如清代二知道人精辟指出过的"太史公纪三十世家,曹雪芹只纪一世家……然雪芹纪一世家,能包括百千世家"。《红楼梦》是曹雪芹呕心沥血、精雕细刻的艺术品,研究者不应将其解构作未成型的粗糙毛坯。

秦可卿位列"金陵十二钗"之末,但却最先死去。她死的时候葬礼很风光,可谓备极哀荣,她死后紧接着就是元春省亲盛事。不过此时的贾府,用冷子兴演说中所说的,"主仆上下安富尊荣者尽多,运筹谋画者无一",已是"外面的架子虽没很倒,内囊

却也尽上来了"的局面。一冷一热，是从不同角度说明贾府的虚假繁荣，可视为曹雪芹在《红楼梦》构思时使用的"冷热金针"法。

春季本来是美好的季节，但秦可卿却在这个季节受惊而心神不宁，张太医暗示她会在春季病亡，当有深意存焉。画家彭连熙用细腻的笔调，生动地再现了其香梦沉酣的形象。所谓"可卿惊蛰春欲困"，春梦被惊醒后就是这位"睡美人"的悲剧。画中景物仅一明式圈椅和华贵靠垫，却显露出宁国府的奢华。甜美的睡姿，微翘的樱唇，嫣红的双颊，都是描绘秦可卿这个艳丽妩媚、风流袅娜的神秘女郎妙笔。"嫩寒锁梦因春冷，芳气袭人是酒香"，朦胧的画境，给读者以无限遐思。

春分

多寶塔碑

黛玉

夢吟冷花愁
千萬腸斷春
風誰得知 丙戌年
仲夏沽上彭連熙
為红樓金釵造像

一候·元鸟至

二候·雷乃发声

三候·始电

"春分"系二十四节气中的第四个节气，这个时节，越冬作物大都进入了生长阶段，呈现出生机盎然景色。但林黛玉在春天里"葬花"，这与传统文化的"伤春"情绪有关，主要是少女从四季的春季短暂，想到自己的青春易逝，实际是"天人合一"的另一种体现。

　　林黛玉的判词与薛宝钗合为一首，属于她本人的是"堪怜咏絮才""玉带林中挂"两句，其中"咏絮才"指东晋女诗人谢道韫，据刘义庆编《世说新语》记载，某日天下大雪，谢安和子侄们讨论用何物喻飞雪。谢安的侄子谢朗说"撒盐空中差可拟"，谢道韫听到后说"未若柳絮因风起"，比喻更加贴切自然，林黛玉的才华可比谢道韫。"玉带林中挂"，前三字是"林黛玉"的反读，可以想象挂在枯木上的玉带被风吹时的飘零，暗示林黛玉漂泊的人生。林黛玉像一片树叶从扬州漂到京都的贾府，内心一直没有安全感，不知归宿在何方，这从她写的《唐多令》亦可品味出一二：

　　粉堕百花洲，香残燕子楼。一团团逐对成球。飘泊亦如人命薄，空缱绻，说风流。

　　草木也知愁，韶华竟白头！叹今生，谁舍谁收？嫁与东风春不管，凭尔去，忍淹留。

　　"粉堕""香残"，是借柳絮的飘零比喻自身的漂泊。"百花洲""燕子楼"是即景吟咏。《大清一统志》称："百花洲在

姑苏山上"，林黛玉恰来自姑苏。也有的研究者认为林黛玉是扬州人，其实并不矛盾。因林黛玉父亲是苏州人，担任巡盐御史时，衙门在扬州。因此可以肯定林黛玉祖籍苏州，如《红楼梦》第十四回中，昭儿曾回王熙凤说，"二爷打发回来的。林姑老爷是九月初三日巳时没的。二爷带了林姑娘同送林姑老爷灵到苏州，大约赶年底就回来。"第五十七回紫鹃曾言"林妹妹要回苏州"，以此来试探贾宝玉。当然，也许是少小离家的缘故，林黛玉确实不太会讲苏州话，她写的诗也多用扬州方言押韵，用扬州话来念，才更有韵味。从林黛玉日常用语看，开口带有浓浓的扬州口音，像"这会子""才将""嚼蛆"等，几乎不离口。据统计，在《红楼梦》中，竟有150多例扬州话。由此可见，出生在苏州的林黛玉，生长在扬州；至于"燕子楼"的典故，常被前代文人用来泛说女子的孤独悲愁，与林黛玉日夕以泪水洗面的心境相契合。结尾在"凭尔去，忍淹留"及"谁舍谁收"的无奈叹息中，道出了自身的结局及周围人的冷酷无情。

　　林黛玉在《红楼梦》群芳谱中的地位自不待言，曹雪芹对他心仪的第一女主人公必然会花费心血去塑造。林黛玉除了本名外，还有"颦颦"一昵称和"潇湘妃子"的别号。前者与越国美女西施捧心而颦的传说有关，是为了强调林黛玉的美态，特别是她内心的忧郁。"潇湘妃子"这一别号，密切联系着"湘妃竹"的神话传说。曹雪芹在创作《红楼梦》时，充分调用了传统文化的丰厚宝藏，广泛撷取，从各个角度拓宽和加深人物性格内涵，使得林黛玉这一艺术形象的根须深植在肥沃的中华文化土壤之上。林

黛玉的性格还与"竹"的品格相关，竹在中华文化中远非一般的纯生物意义上的植物，而是人化了的自然，积淀着中华民族的情感、观念、思维和理想，构成一种反映与体现中华民族内在精神的外化形式的文化景观，一种人格文化符号。竹体现了清淡逸远的审美趣味、坚贞而有韧性的人格理想及其文化意识。明乎此，就明白了为什么林黛玉住在"潇湘馆"，为什么号为"潇湘妃子"了。当然，曹雪芹除了赋予林黛玉"竹"的文化品格外，还注意到了她作为女性的柔弱特点，又借鉴了绛珠草的纤弱特性，这样就将刚强与柔弱，和谐地统一在林黛玉身上。

自《红楼梦》流传开来后，围绕林黛玉的《葬花辞》，有不少探究者。清睿亲王淳颖《读石头记偶成》，颇得其意旨神髓，原诗如下：

满纸喁喁语不休，英雄血泪几难收。

痴情尽处灰同化，幻境传来石也愁。

怕见春归人易老，岂知花落水仍流。

红颜黄土梦凄切，麦饭啼鹃认故邱。

这是一首七律，首联、颔联可谓《红楼梦》开卷标题诗"满纸荒唐言，一把辛酸泪。都云作者痴，谁解其中味"的注脚；颈联表达了对林黛玉《葬花辞》的深切感悟；尾联"红颜黄土""麦饭啼鹃"正是"千红一哭、万艳同悲"的红楼女儿命运写照；而"怕见春归人易老，岂知花落水仍流"两句，概括了大观园"花落水

流红"葬花场景，可与《红楼梦》第二十八回对看：

> （宝玉听了）"侬今葬花人笑痴，他年葬侬知是谁？""一朝春尽红颜老，花落人亡两不知"等句，不觉恸倒山坡之上，怀里兜的落花撒了一地。试想林黛玉的花颜月貌，将来亦到无可寻觅之时，宁不心碎肠断！既黛玉终归无可寻觅之时，推之于他人，如宝钗、香菱、袭人等，亦可到无可寻觅之时矣。宝钗等终归无可寻觅之时，则自己又安在哉？且自身尚不知何在何往，则斯处、斯园、斯花、斯柳，又不知当属谁姓矣！——因此一而二，二而三，反复推求了去，真不知此时此际欲为何等蠢物，杳无所知，逃大造，出尘网，始可解释这段悲伤。

这段描写实际上是中国文人伤时情怀的体现，难怪贾宝玉常有青春期的烦恼，时刻"无故寻愁觅恨"，拒绝成长，幻想留住岁月，诗意栖居。推己及人，一见"绿树成荫子满枝"，便推想邢岫烟出嫁以至红颜枯槁，因此生出无限伤感。这种痴情非一般常言所能表达，亦非常人所能感悟。林黛玉又何尝不是如此？通过"葬花"的行为艺术，可见大观园少女们面对"出嫁"和"死亡"的生存焦虑，最美的花也是最脆弱的，中国的社会环境还没有空间容纳林黛玉这稀有的生命景观。"葬花"预示了"香消玉殒"和"爱情夭折"。至于"葬花吟"中出现"一年三百六十日，风刀霜剑严相逼"的句子，也许一般人颇难理解，尽管她寄人篱下，但看不出她受到过什么虐待，很多读者认为她是无病呻吟。其实林黛玉的愁，是骨子里的幽怨，她的苦闷不是物质匮乏。《红

楼梦》有种看不见、摸不着的无名伤感,虽然没有惊心动魄的场面、跌宕曲折的情节,如新历史主义认为的"碎片再现"而非"宏大叙事",但这些地方恰恰体现出曹雪芹的人生诉求。

　　"葬花"是《红楼梦》中似诗如画的绝妙篇章,画家彭连熙生动地捕捉了这一绝美瞬间:画中人肩荷花锄,烟眉似蹙,眼含珠泪,神情黯然,回望落英,无限伤情,衣带当风更显出她的弱柳扶风之态。画面中简约的数株桃花,错落有致,数点落花更增暮春感伤之诗意美。通过情与景的交融,含蓄地表达出林黛玉这一雅洁淡逸、婉约哀伤的艺术形象。这种画技,是画家以个性化笔墨将传统绘画精神在当代所做的延续。

清明

顏氏家廟碑

一候·桐始华

二候·田鼠化为鴽

三候·虹始见

"清明"系二十四节气中的第五个节气，也是中华民族的传统四大节日（春节、清明节、端午节、中秋节）之一。传统节日丰富的民俗活动，凝聚着一个民族稳定的心理情感。扫墓祭祖、踏青游春、斗百草、打秋千、放风筝等成为清明节民俗活动的重要内容。

　　风筝，又称"纸鸢"，民间记载曹雪芹对风筝极为熟稔，传说曾经出现的《废艺斋集稿》真伪姑且不论，但《红楼梦》中有清明节前后放风筝的具体描写，曹雪芹通过众人放的不同风筝，隐喻了他们各自不同的命运，如嫣红放的"大蝴蝶风筝"挂在竹梢，寓意她本应自由自在，却被年老昏聩的贾赦困于宁国府中。其实她何曾不想变成蝴蝶，像风筝一样飞出深宅大院，逃离注定的命运，去追求真正的幸福，但终究逃不出贾赦的手心，因此嫣红放的风筝不可能远去，只能挂在竹梢；薛宝琴的命运就比嫣红好，她放的是"大红蝙蝠风筝"，中国动物民俗的象征寓意方面，蝙蝠寓意有福，因为"蝠"通"福"。

　　《红楼梦》中，贾探春的命运与风筝和清明节都有着密切的联系。她的判词是：

　　　　才自精明志自高，生于末世运偏消。

　　　　清明涕泣江边望，千里东风一梦遥。

　　与判词相匹配的画面，描绘的是二人放风筝，大海上船中有一女子掩面涕泣。画面暗示贾探春的远嫁，像断线的风筝一样远

离故土。

探春在贾家的四姊妹中排行第三，她精明有才干。"敏探春兴利除宿弊"一回，写她代王熙凤管理大观园期间，将纷繁的事务管理得井井有条。探春理家主要做了两方面的改革：一是"节流"，因为日常的笔墨纸张钱、头油脂粉费用等存在重复支取的现象，她严格了财务纪律，禁止破例冒领；二是"开源"，她受到赖大家院子里管理方法的启发，采取"责任制"分配管理，将大观园里的田地、苗圃、花木等承包给专人管理，这样不但大观园里的鸟食、插花等开销可免，还可收取租金，最重要的是提高了劳动者的积极性，除了按规定上交的，剩下的都归承包者所有。探春的改革，正如她的名字，也可以暗喻探索春天。

然而这样一位精明强干的人，随着贾府的没落，她的命运也很凄惨，远嫁异乡，路远山遥，断绝了与家人的联系。关于探春的结局，《分骨肉》曲有详细描述：

一帆风雨路三千，把骨肉家园齐来抛闪。恐哭损残年，告爹娘休把儿悬念。自古穷通皆有定，离合岂无缘？从今分两地，各自保平安。奴去也，莫牵连。

贾探春作为贾宝玉同父异母的妹妹，系赵姨娘所生，虽是庶出，但在金陵十二钗"正册"里排在了她姐姐迎春、妹妹惜春及王熙凤和史湘云的前面。贾家四姊妹的名字"元""迎""探""惜"，谐音"原应叹息"，曹雪芹对她们的命运表示了同情。

探春有个绰号叫"玫瑰花",不难看出在她娇艳的外表底下,藏着一颗不愿受人摆布的心。王熙凤可以随意作践赵姨娘,但对探春却从来不敢小觑,还要畏她几分。探春最后的结局是远嫁海外,如断线风筝,有去无回。脂砚斋在她的灯谜诗后有条评语说:"使此人不远去,将来事败,诸子孙不至流散也,悲哉伤哉!"可见,她的远嫁,不是在贾家遭遇灭顶之灾后,与通行本《红楼梦》的情节有些出入,后四十回续书写她因南海戡乱,嫁给海南岛上镇海总制周琼家的公子,但很多《红楼梦》探佚学者并不认同这一续法,提出了和番说、王妃说、海外说等。

探春远嫁,在《红楼梦》第七十回描写放风筝的文字中早有暗示:

探春正要剪自己的凤凰,见天上也有一个凤凰,因道:"这也不知是谁家的。"众人皆笑说:"且别剪你的,看他倒像要来绞的样儿。"说着,只见那凤凰渐逼近来,遂与这凤凰绞在一处。众人方要往下收线,那一家也要收线,正不开交,又见一个门扇大的玲珑喜字带响鞭,在半天如钟鸣一般,也逼近来。众人笑道:"这一个也来绞了。且别收,让他三个绞在一处倒有趣呢。"说着,那喜字果然与这两个凤凰绞在一处。三下齐收乱顿,谁知线都断了,那三个风筝飘飘摇摇都去了。众人拍手哄然一笑,说:"倒有趣,可不知那喜字是谁家的,忒促狭了些。"

这段情节是有寓意的,天空中突然飘来的凤凰风筝,暗示探春有段好婚姻,在中国古代封建社会,凤凰是权力的象征,探春

极有可能嫁给了一位王爷。第五十一回"薛小妹新编怀古诗"之七"青冢怀古",应是以王昭君出塞比附贾探春的远嫁,因为"金陵十二钗"中,也只有探春的遭际与王昭君最为接近。更直接的是《红楼梦》第六十三回贾宝玉过生日时,探春抽了一支签,众人看上面是枝杏花,红字写着"瑶池仙品"四字,诗云"日边红杏倚云栽",有注解:"得此签者必得贵婿",众人笑道:"我们家已有个王妃,难道你也是王妃不成?"这段伏笔,已暗示探春将来远嫁海外当王妃,而放的"大凤凰"风筝,象征着她在别人眼中高贵的命运。除《红楼梦》本身的证据外,还有一条佐证:舒坤《批本随园诗话》记载:"乾隆五十五、六年间,见有钞本《红楼梦》一书。书中内有皇后,外有王妃。"

贾探春在红楼诸钗中既会赋诗填词,又能理财齐家,但仍难逃命运捉弄,落得"一帆风雨路三千"的远嫁结局。画家彭连熙紧紧扣住此人"削肩细腰、长挑身材,鸭蛋脸面,俊眼修眉"的形象特征,结合其命运来表现,画面中身在柳岸东风湖畔的她,纤手拈线。风筝象征其心志高远,寓示"游丝一断浑无力,莫向东风怨别离"的悲剧结局。

寶釵

映蝶瓏瓏殘夢
對伯勞東去燕
西飛丙戌年春月初
津門趙連眠為紅樓
金釵造像并記

穀雨

囍全碑

谷雨系二十四节气的第六个节气，也是春季的最后一个节气，所谓"暮春"。谷雨，顾名思义即播谷降雨，这个时节柳絮飘飞、大地翠绿。薛宝钗在春和景明的日子里，于滴翠亭畔戏彩蝶的美丽瞬间，令人赏心悦目。眼见一双玉色蝴蝶迎风翩跹，便意欲扑了来玩耍，并随着蝴蝶忽起忽落、穿花度柳，一直跟到池中亭上。如此天真烂漫，说明平时稳重端庄的宝钗，也有尽兴忘情的时候，这为宝钗形象平添了无数少女情趣。

　　扑蝶是人在心情放松下才会有的行为艺术，薛宝钗看到贾宝玉进了潇湘馆亲近林黛玉，对她来说因乐见其成，心情反而放得轻松。对薛宝钗来说，蝴蝶还代表着她的梦。《庄子·齐物论》载："昔者庄周梦为胡蝶，栩栩然胡蝶也。自喻适志与！不知周也。俄然觉，则蘧蘧然周也。不知周之梦为胡蝶与？胡蝶之梦为周与？周与胡蝶则必有分矣。此之谓物化。"庄子不知道自己是梦到了胡蝶，还是蝴蝶梦到了庄周。这只被薛宝钗扑的蝴蝶，也是她一个美丽的梦。"金玉良缘"本就是薛家的"痴梦"，薛家希图通过"金玉良缘"寻找贾家做靠山，但随着贾府的一败涂地，也不过是场"梦"而已。梁山伯与祝英台双双化为蝴蝶，而薛宝钗追着一只蝴蝶还不得，寓意自己最终会孑然一身。蝴蝶是梦，《红楼梦》也是梦。薛宝钗追梦而不得，象征着每个人求而不得的人生。

　　薛宝钗与林黛玉合为一首判词，属于她的两句是"可叹停机德""金簪雪里埋"。"停机德"典出《后汉书·列女传·羊子妻》，说乐羊子远行寻师求学，因念家只一年便返回。其妻以刀割断布机上的绢，比喻学业中断，劝他不要半途而废。薛宝钗是受封建

礼教熏陶颇深的淑女，她美丽聪明，博学多才、温柔端庄又豁达明理，处处以封建道德要求自己、规范别人。"金簪雪里埋"，其中"雪"与"薛"谐音，"金簪"指"宝钗"，这既暗示了薛宝钗性格如"冷香丸"之"冷"的特点，也是对薛宝钗婚后独守空闺冷落生活的形象写照。

薛宝钗和林黛玉一样令人难忘并与之交相辉映，这两个少女，各具风范和情韵。她俩代表的是两种美，两种具有不同思想内涵和价值观念的美。过去贬斥薛宝钗的文章，往往给她戴上诸如"卫道士""女夫子"等帽子，这些论断不能说没有一点道理，但未免将这个复杂丰满的艺术形象简单化、类型化了，其实薛宝钗是个活生生的有血有肉的生命，她出身于皇商之家，其家庭为金陵四大家族之一。她是贾府王夫人的甥女，贾宝玉的表姐。薛宝钗年幼丧父，随母兄一起进京，暂寄居在贾府。她到贾府后不久，很快就赢得了上上下下的称赞和好感，并使尖酸刻薄的林黛玉相形见绌。这诀窍在哪里呢？对此，赵姨娘的话透露了一点消息，她称赞"宝丫头好，会做人"，所谓"会做人"三字，正道出了这位冷美人待人处世的特点。"会做人"，其实就是对她的"行为豁达，随分从时""温厚贤淑"性格的一种通俗注解。宝钗的"会做人"并不是如有些批评者所说是装出来的，这种处世之道已入骨入髓地渗透到了她身上的每个细胞。这位为封建正统教养所陶铸的冷美人，自有她的可爱动人之处。她不仅长得容貌丰美，而且在通常情况下，确有其行为豁达、举止娴雅的风范，加之她博学多才，有较高的文化艺术修养，使得她虽恪守礼教而不陷于

迂腐，谙熟世故而不流于鄙俗，因而她才能使贾宝玉以及众多的读者为之动容和忘情。读者可以对薛宝钗有不同评价，但无法抹煞她的存在。《红楼梦》问世以来对薛宝钗与林黛玉的评论，读者看法各不相同，出现"拥薛"和"拥林"派，二人各有粉丝团。拥薛者认为薛宝钗宽厚和气而林黛玉心胸狭窄，薛宝钗能与周围人融洽相处，而林黛玉目无下尘孤芳自赏；拥林者认为林黛玉率真而薛宝钗城府深。光绪年间还有因对二人看法相左"几挥老拳"的记载。无论"拥薛"还是"拥林"，都可以从《红楼梦》中找到依据，薛宝钗与林黛玉容貌举止及性格上的差异，因读者喜好的不同而各有所取，这很正常，但作为评论家就要客观对待人物形象而不能厚此薄彼，否则会沦入研究者指出的"形象的丰满与批评的贫困"片面评论。由于林黛玉与贾宝玉未能最终结合而留下遗憾，读者对林黛玉的同情成分自然会较多，在情感的天平上对薛宝钗与林黛玉这两个人物形象的接受就出现了差别。

《红楼梦》曲开宗明义点出是"怀金悼玉"，肯定了薛宝钗是"山中高士"，判词更是将薛宝钗、林黛玉并提，已表明了曹雪芹对这二人的基本态度。脂砚斋对此心领神会写下批语："钗、玉名虽两个，人却一身，此幻笔也"，脂评开了后世"钗黛合一"论的先河，红学家俞平伯认为薛宝钗与林黛玉"若两峰对峙双水分流，各尽其妙莫能相下"。若放在中华文化的历史长河里考察，薛宝钗与林黛玉分别折射的是儒家、道家文化，薛宝钗与林黛玉之争不是道德之争，而是曹雪芹希望的理想与现实不能兼美的困惑，也是人类永恒遗憾带来的困惑，这是《红楼梦》对人类命运

的形而上思考。

　　擅长勾勒简洁景物并运用色调塑造出形形色色人物，是画家彭连熙的技法特色。他创作的画面中，薛宝钗扑蝶花丛，虽翩跹舞扇，却心事重重。巧用空间结构，含蓄微妙地刻画出她"脸若银盆，眼如水杏"的淑女形象，准确表达了薛宝钗不失天真烂漫而又工于心计的复杂性格，但最终空对"金玉良缘"、难逃"伯劳东去燕西飞"的悲剧命运。著名人物画家杜滋龄对彭连熙的工笔重彩绢本精绘人物画有评价："人物生动传神，技法到位，情景交融，作品清新抒情，气在笔力，韵在墨彩。"

开到荼蘼春事了
丙戌仲夏 连熙作於津门

立夏

麓山寺碑

一候·蝼蝈鸣
二候·蚯蚓出
三候·王瓜生

立夏系二十四节气的第七个节气，也是夏季的第一个节气。春去夏来，日长人倦。苏轼写过"荼蘼不争春，寂寞开最晚"的诗句，因荼蘼花开花较晚，故将其视为"送春花"。

尽管在《红楼梦》第五回中麝月连首"判词"都没有，因此难与列入"正册"的金陵十二钗相提并论，将她与"副册"的香菱，"又副册"的晴雯放在一起，也会黯然失色。然而她属于贾宝玉身边的怡红院四大丫鬟之一。比起袭人的贤名、晴雯的爆炭脾气、秋纹的奴性，麝月在《红楼梦》中的表现并不突出，她在《红楼梦》中出场也不算多，不能算主要人物，但这是一个不可缺少的角色，脂砚斋针对她有则评语：

闲上一段女儿口舌，却写麝月一人，袭人出嫁之后，宝玉宝钗身边还有一人，虽不及袭人周到，亦可免微小散等患，方不负宝钗之为人也。故袭人出嫁后云"好歹留着麝月"一语，宝玉便依从此话。

按照脂砚斋的评语推测，曹雪芹构思的《红楼梦》八十回后原稿中应有麝月的重要情节。通行本的后四十回，写在贾府已经败落的状况下，贾宝玉、薛宝钗夫妇落魄，麝月依然还在身边服侍。这样设计安排，并未违背曹雪芹的预设。

麝月善解人意，关键时刻能挺身而出。在怡红院几个大丫鬟中，她受袭人的影响最深。袭人不在，常常留着麝月在怡红院看家，所以在王夫人的眼中，袭人和麝月被视为一体，遇事往往袭、麝并举，如谈到贾宝玉房中丫鬟时说："只有袭人、麝月这两个笨

笨的倒好。"贾宝玉虽很宠爱晴雯，但怡红院里的实权派却是袭人和麝月二人。《红楼梦》第二十回里写元宵节袭人生病，怡红院里的众丫鬟都出去赌钱，只有麝月看家。贾宝玉叫她去玩，麝月道："你既在这里，越发不用去了，咱们两个说话玩笑岂不好？"此处有脂砚斋评："全是袭人口气，所以后来代任"，所谓"代任"，即指袭人嫁蒋玉菡后，麝月代理其服侍的任务。麝月虽然很听袭人的话，但又和晴雯很玩得来。晴雯生病她照顾，晴雯着急她劝解，晴雯打坠儿她帮着拉开。这些事虽小，却表现了麝月身上的闪光点。虽然麝月急起来对晴雯说话毫不客气，但晴雯知道麝月是一片好意，并不还口，所以她与麝月的关系是比较融洽的。其实这二人性情上也颇有相似之处，两人都是吵完就忘，并不记仇的人。只是麝月较为单纯厚道，总是就事论事，口才也好，所以骂得比晴雯更加成功，且由于被骂者心服，也不会记恨于她。

麝月的存在对贾宝玉而言极为关键，"寿怡红群芳开夜宴"一回里，她所掣花签为"荼蘼"花，题为"韶华胜极"。"韶华"是指人的青春年华，"胜极必落"暗示美好的时光马上过去。过生日的主人贾宝玉觉得不吉利，所以将那个签藏起来不让与宴者看。签中引用宋代王淇《春暮游小园》里的诗句"开到荼蘼花事了"，表明良辰美景将要结束。《尔雅·释草》云"荼，苦菜"，"苦"预示着贾宝玉日后生活的艰苦，正如脂砚斋评语提到其抄家后的境况"寒冬噎酸斋"，可谓苦不堪言。佛教认为"荼蘼"花是来生的花，所以也叫"佛见笑"，预示了贾宝玉最后出家为僧的命运。

麝月的名字内涵也很丰富。《玉台新咏》云"金星与婺女争

华，麝月共嫦娥竞爽"，其名盖出于此。麝月如一面镜子，其作用是照见贾府的衰败和红楼女儿的命运。荼蘼作为送春之花，是麝月的象征，她是陪伴贾宝玉作完红楼一梦的最后一个人物。如何准确地表现麝月这个人物形象？画家彭连熙通过细读《红楼梦》原著，对麝月这个人物进行了深入的挖掘和体味。大观园不同时期的不同景象，也象征着贾府的显赫、兴盛和衰落。曹雪芹擅于以花喻人，因荼蘼花开得最晚，就用荼蘼花暗示"三春去后诸芳尽"的结局。荼蘼花在《红楼梦》中出现，既丰富了故事情节，又强化了人物性格。彭连熙在创作时，依据原著提供的丰富内涵，为表现故事情节、刻画人物性格而努力渲染画面气氛，达到了所预期的艺术效果。他选取荼蘼花，抒发了麝月的心境，画面极力展现出她的内心世界，将这个人物刻画得入木三分。画中人与所处的环境、景物浑然天成。

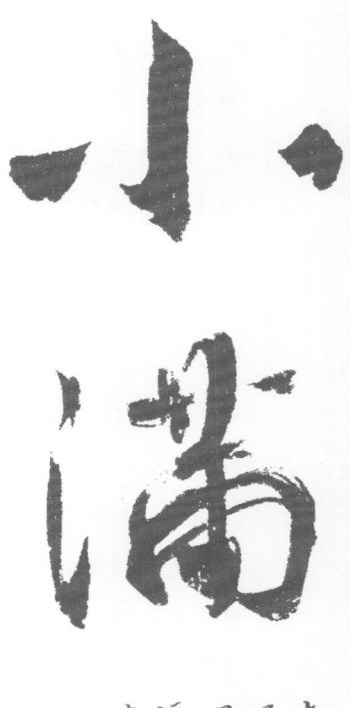

湘雲 [印]

香夢沉酣春
如醉湘江水逝
楚靈飛
丙戌初夏為紅樓金釵
遠像江上彭連熙識 [印]

小満

杜牧書張好好詩

一候·苦菜秀

二候·靡草死

三候·麦秋至

"小满"系二十四节气的第八个节气，大自然绿草满园、溪水绕石，充满生机，"湘云醉石眠"非常契合这个时节的情境。

　　史湘云是位有些男孩子气的角色，她丝毫没有传统大家闺秀身上的矜持和扭捏。既不似林黛玉的心胸狭窄，也不似薛宝钗的心机深沉，更不似王熙凤的泼辣狠毒。史湘云心直口快善良助人，当得知邢岫烟靠典当衣服维持生计时，史湘云想帮她讨回公道，是绿林好汉的做事风格。曹雪芹塑造了这个丰满的人物形象，在不同情境下展现了她丰富的个性。"寒塘渡鹤影，冷月葬花魂"是史湘云与林黛玉的联句，意境优美宛若天成，可见史湘云的才思敏捷，她的诗词才华可与林黛玉媲美。林黛玉因寄人篱下有孤寂之感而引起读者同情，但史湘云的命运何尝不悲，甚至有过之。林黛玉毕竟还受过父母之爱，而史湘云幼年襁褓中父母双亡，依靠婶母过活。即使如此，史湘云也没有像林黛玉一样将痛苦挂在脸上，日夕以泪水洗面，这就是面对生活挫折与磨难不同人的生活态度。她还曾开导林黛玉说："你是个明白人，何必作此形象自苦。我也和你一样，我就不似你这样心窄。"史湘云的娇憨可爱、才思敏捷、洒脱风流、不卑不亢不是一般女孩子所具有的，苦难没有压塌她的信心，以其独特方式谱写了一支自己的命运交响曲。只要史湘云出场，人们的眼前就一亮：红色的衣服，笑声清脆，走路带风，充满朝气，率真可爱。

　　史湘云的判词是：

　　富贵又何为，襁褓之间父母违。

展眼吊斜晖，湘江水逝楚云飞。

《乐中悲》曲对她的命运遭际有具体说明：

襁褓中，父母叹双亡。纵居那绮罗丛，谁知娇养？幸生来，英豪阔大宽宏量，从未将儿女私情略萦心上。好一似，霁月光风耀玉堂。厮配得才貌仙郎，博得个地久天长，准折得幼年时坎坷形状。终久是云散高唐，水涸湘江。这是尘寰中消长数应当，何必枉悲伤！

判词及曲文大体内容一致，但与《红楼梦》史湘云的某些情节描述存在抵牾。判词中"吊斜晖"，曲文中"水涸湘江"，说的都像英年早逝。这些预示命运的字词，更像在说林黛玉。预示林黛玉结局的句子，有"玉带林中挂""世外仙姝寂寞林"等。看来，曹雪芹从最初的创作设想到成书后的"披阅增删"，对林黛玉和史湘云这两个人物的主从关系进行了变动处理。作家在写作中，对主要人物改变了最初构思，是常有的事。值得注意的是，史湘云直到第二十回才出场。此前，有对林黛玉和薛宝钗分别进荣国府的浓笔描述，却没有对史湘云的描述。史湘云曾在贾府生活很久，《红楼梦》中的多处文字，已不止一次透露了这种情况，如史湘云与林黛玉、薛宝钗相见时的言谈话语间，明显对彼此都十分熟悉。史湘云一次对黛玉说道："你自己便比世人好，也不犯着见一个打趣一个。指出个人来，你敢挑他，我就伏你。"黛玉忙问是谁。湘云道："你敢挑宝姐姐的短处，就算你是好的。

我算不如你，他怎么不及你呢？"黛玉听了，冷笑道："我当是谁，原来是他！我那里敢挑他呢。"宝玉不等说完，忙用话岔开。湘云笑道："这一辈子我自然比不上你。我只保佑明儿得一个咬舌的林姐夫，时时刻刻你可听'爱''厄'去。阿弥陀佛，那才现在我眼里。"这不像两个少女初次见面。言谈中涉及的宝钗，也不像初次见面，再如早晨宝玉未梳洗就来到湘云住处。湘云洗过脸，她的丫鬟翠缕正要泼掉这盘残水时，宝玉却就着这盘水洗脸。翠缕说："还是这个毛病儿，多早晚才改！"显然，丫鬟翠缕是熟悉宝玉的这种"毛病儿"的，是因为她跟着史湘云在贾府生活过不短的时间，深知贾宝玉的性格。此外还有这样的描写：（宝玉）见湘云已梳完了头，便走过来笑道："好妹妹，替我梳上罢。"湘云道："这可不能了。"宝玉笑道："好妹妹，你先时怎么替我梳了呢？"……说着，又千妹妹万妹妹地央告。湘云只得扶过他的头来一一梳篦。……自发顶至辫梢，一络四颗珍珠，下面有金坠脚。湘云一面编着，一面说道："这珠子只三颗了，这一颗不是的。我记得是一样的。怎么少了一颗？"……因镜台两边俱是妆奁等物，（宝玉）顺手拿起来赏玩，不觉又顺手拈了胭脂，意欲要往口边送，因又怕史湘云说。正犹豫间，湘云果在身后看见，一手掠着辫子，便伸手来"拍"地一下，从手中将胭脂打落，说道："这不长进的毛病儿，多早晚才改过！"史湘云早先为贾宝玉梳过头，而且也还不是偶尔为之。不然她对宝玉的装饰物就不会这般熟悉。她一眼即能看出辫子上的珠子哪颗是原有的，哪颗又是后来配换的。宝玉喜欢吃胭脂的"不长进毛病儿"，史湘云似乎

也不止一次说过他，宝玉拿起胭脂时，才有那份犹豫。这只能用她长时间在贾府生活过，才好解释。还可以举个例子，第三十二回史湘云与袭人对话，此前，王夫人说过："前日有人家来相看，眼见有婆婆家了。"袭人就此事道喜时，史湘云红了脸，吃茶不答，袭人道："这会子又害臊了。你还记得十年前，咱们在西边暖阁住着，晚上你同我说的话儿？那会子不害臊，这会子怎么又害臊了？"史湘云笑道："你还说呢。那会子咱们那么好，后来我们太太没了，我家去住了一程子，怎么把你派了跟二哥哥，我来了，你就不像先待我了。"袭人笑道："你还说呢。先姐姐长姐姐短哄着我替你梳头洗脸，作这个弄那个。如今大了，就拿出小姐的款来……"从这段话看，史湘云十年前已懂得使袭人这位丫鬟为她作梳头之类的事，很有些成人心计，年龄不可能太小，至少不该还是婴儿。值得注意的是，这时她母亲还在世。但判词却说史湘云"襁褓之间父母违"，曲文也说："襁褓中，父母叹双亡"，都是说史湘云在"襁褓"中父母双亡。"襁"，背负婴儿的布带，"褓"，包裹婴儿的小被，连用时指婴儿出生不久不会走路的阶段。显然，曹雪芹原计划是写史湘云在婴儿期间父母双亡。现在她与袭人的对话，说明她母亲去世是到了她懂得人情世故的年龄。

当然，小说不是编年史，作家有自由按自己的方式虚化、淡化、弱化掉一些非主角人物的情节，但史湘云这个人物的处理中，出现上述的空档，仅仅以行文的省略来解释，似乎难以说通。"襁褓之间父母违"与《红楼梦》中的描写发生了矛盾，这种矛盾在《红楼梦》中也不只一处。解决这个困惑，应考察《红楼梦》的

创作历程。曹雪芹创作"披阅十载，增删五次"，《红楼梦》之前有本书《风月宝鉴》，脂砚斋曾评道："雪芹旧有《风月宝鉴》之书，乃其弟棠村序也，今棠村已逝，余睹新怀旧，故仍因之"，从《红楼梦》里也能梳理出一些《风月宝鉴》的情节。"襁褓中，父母叹双亡"，很可能就是曹雪芹原计划写她父母双亡后离家到贾府来，投靠祖姑史太君，过寄人篱下的生活。但通行本《红楼梦》中，前二十回没有史湘云的出场，导致她这段幼年生活留下空档，其实并不是没有，而是移并到林黛玉的生活中去了。林黛玉到贾府时，母亲虽亡但父亲尚在世，而且在维扬任巡盐御史，家世煊赫，不下于贾府。早期脂本中，胡适收藏过的甲戌本第三回回目作"荣国府收养林黛玉"，并不符合林黛玉的实际，只有"收养史湘云"，才更符合。此外，"展眼吊斜晖，湘江水逝楚云飞""云散高唐，水涸湘江"是预示史湘云的早逝，而通行本《红楼梦》中没有着落，她成为寡居结局，也是因为早逝移并到林黛玉的身上去了。关于史湘云的结局，脂砚斋有评语："后数十回若兰在射圃所佩之麒麟，正此麒麟也。提纲伏于此回中，所谓草蛇灰线，在千里之外也。"若兰，即秦可卿丧事中曾露过一面的贵族公子卫若兰。根据脂批，这金麒麟似乎又落在他手里，然而，八十回后史湘云丢掉，通行本后四十回续书对她草草收场。她的结局是嫁给卫若兰还是如某些"旧时真本"所云嫁给了贾宝玉？红学家蔡义江认为脂砚斋的批语所说的写金麒麟是"间色法"，应是嫁给卫若兰，而红学家周汝昌、梁归智等力主嫁给了贾宝玉，周汝昌甚至还认为脂砚斋原型是史湘云，系生活中的曹雪芹妻子。

史湘云算不上《红楼梦》中女一号，但也绝对不是陪衬人物。她每次在《红楼梦》里出现，如同惊鸿一瞥，让人惊艳。"湘云醉眠"情境最能展现颇具名士风范的史湘云性格，因此早已成为《红楼梦》的传统画题之一。画家彭连熙对寄寓着曹雪芹审美理想的这个形象把握得十分到位，画面的青石凳上，史湘云天真无邪的睡姿，芍药花飞溅一身，满身红香散乱，扇子落地被花掩埋，还有一群蜂蝶围绕，都被摄入腕底笔端。这组自然景趣，生动地再现了史湘云的娇憨与天真烂漫。

芒種

泉男生誌

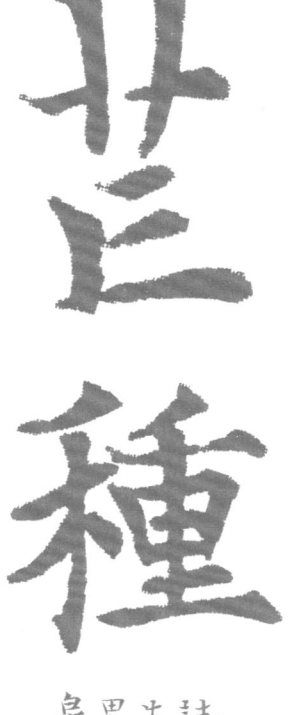

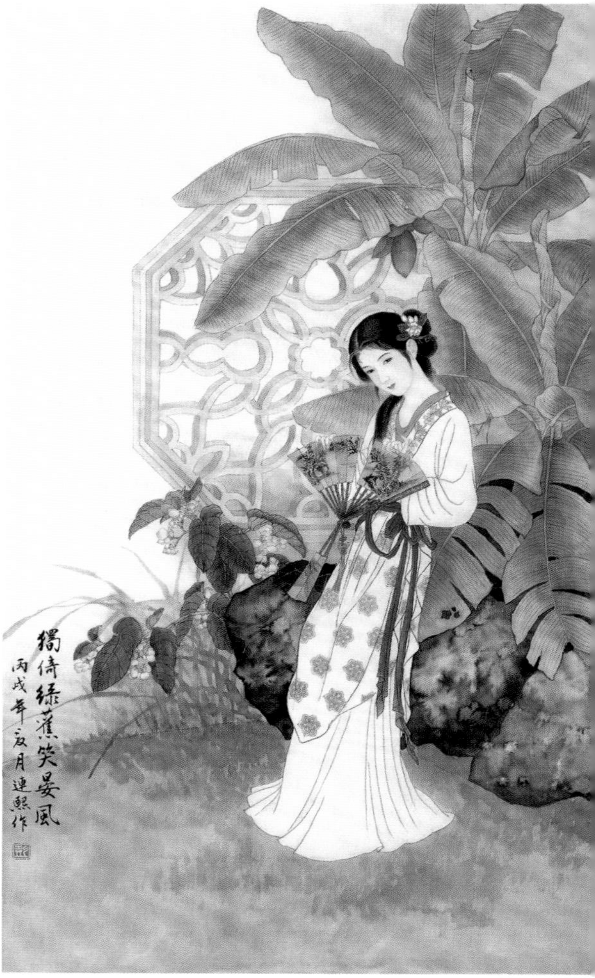

獨倚綠蕉笑晏風
丙戌年夏月連熙作

一候 · 螳螂生

二候 · 鵙始鸣

三候 · 反舌无声

芒种系二十四节气中的第九个节气，民间多在这个时令举行祭花神仪式，曹雪芹《红楼梦》对此有详细的描绘。贾宝玉在晴雯悲惨地死去时，特作《芙蓉女儿诔》，来祭奠这位"花神"。晴雯的个性很强，但她遭到了残酷报复，从其判词即可看出：

　　霁月难逢，彩云易散。心比天高，身为下贱。风流灵巧招人怨，寿夭多因诽谤生。多情公子空牵念。

　　雨后新晴叫霁，寓"晴"字。"彩云"比喻美好；云呈彩叫雯，寓"雯"字。判词说像晴雯这样模样标致、倔强不驯的人，难于为阴暗、污浊的社会所容，她的生存环境正如与判词相匹配的图画，只有"满纸乌云浊雾而已"。"风流灵巧招人怨"，必定会招来一些人的妒恨。

　　"撕扇"这个情节，表现出晴雯的张扬率性。《红楼梦》第三十一回，写贾宝玉说鸳鸯送来了果子，让晴雯去洗，晴雯翻出贾宝玉埋怨他早晨跌扇子的事来说："可是说的，我一个蠢才，连扇子还跌折了，那里还配打发吃果子呢！倘或再砸了盘子，更了不得了。"当然重点不在他俩争吵，而在贾宝玉因"撕扇"一事对于"爱物"所发的一番议论：

　　你爱砸就砸。这些东西，原不过是借人所用，你爱这样，我爱那样，各有性情。比如那扇子，原是扇的，你要撕着玩儿也可以使得，只是别生气时拿他出气；就如杯盘，原是盛东西的，你喜欢听那一声响，就故

意砸了也是使得的，只别在气头儿上拿他出气。这就是爱物了。

　　贾宝玉的这番议论可谓痛快，晴雯也任性，笑道："既这么说，你就拿了扇子来我撕。我最喜欢听撕的声儿"，于是贾宝玉递过去，晴雯果真撕起来，贾宝玉还在一旁煽风点火："撕的好！再撕响些！"后来晴雯撕累了，贾宝玉笑道："古人云：'千金难买一笑。'几把扇子，能值几何？"且不论一把扇子究竟能值几何，在贾宝玉的心目中，再贵的扇子也比不得美人一笑，于是引出关于物与人关系的探讨。在贾宝玉眼中，一件东西如能给人带来快乐，无论怎么用，都算物尽其用。与此同理的还有那个秋天风雨夕中亮起的玻璃绣球灯，《红楼梦》第四十五回，林黛玉独卧潇湘馆，心中倍感凄凉，此时迎来了披戴着斗笠蓑衣的贾宝玉。二人说一回话，贾宝玉该走了，林黛玉见外面天黑，雨点又紧，只有老妈子给贾宝玉提灯笼，便拿了自己的一个玻璃绣球灯点着，叫他手里拿着。贾宝玉道："我也有这么一个，怕他们失脚滑倒了打破了，所以没点来。"林黛玉道："跌了灯值钱呢，是跌了人值钱？你又穿不惯木屐子。那灯笼叫他们前头点着，这个又轻巧又亮，原是雨里自己拿着的。你自己手里拿着这个，岂不好？明儿再送来。就失了手也有限的，怎么忽然又变出这'剖腹藏珠'的脾气来！"林黛玉这里也是"物尽其用"的意思。东西再宝贵，也不及你，灯亮着，你平安到家，灯就没白亮，这也是爱物。真正的"爱物"是有情的，这种情是对世间草木，对生命个体，对一切存在的珍视，是寄情于物，爱物也是爱人。在贾宝玉、林黛玉眼中，"爱物"的重点从来都不是"物"，而是"爱"，

所以能物尽其用，所以能不为物所累，爱得率真、洒脱。通过"撕扇"这个情节，表达出作者曹雪芹重人轻物的人文关怀。

作为怡红院的四大丫鬟之一，晴雯与她的主人贾宝玉密不可分。有的红学研究者认为，四月二十六日是贾宝玉的生日，而《红楼梦》写到的"饯花节"，恰在这个日子。这个节日是曹雪芹的原创，并不是传统节日，但这个节日与二十四节气中的"芒种节"却撞到了同一天。《红楼梦》原文是这么说的：

　　至次日乃是四月二十六日，原来这日未时交芒种节。尚古风俗：凡交芒种节的这日，都要设摆各色礼物，祭饯花神，言芒种一过，便是夏日了，众花皆卸，花神退位，须要饯行。

　　这是曹雪芹的小说家笔法，但为什么这么写？放着名正言顺的传统节日"芒种节"不过，非要扯上"饯花节"？其实大有深意存焉。"饯花"是群芳流散的隐喻，在曹雪芹的笔下，闺阁中的这些女子，每人都象征了一朵花，《红楼梦》第六十三回贾宝玉过生日时，写到众人抽花签。"饯花节"暗示了后文群芳流散的结局，所谓"千红一哭，万艳同悲"，而这天林黛玉的葬花，也不仅仅是对她个人命运的暗示，更是对大观园群芳命运的悲悼，脂砚斋评语说"《葬花吟》是大观园诸艳文归源小引，故用在饯花日诸艳毕集之期"，是对曹雪芹创作意图的心领神会。所以"饯花节"这天，不只是钗、黛以及三春等人一大早起来送花神，李纨、王熙凤，甚至抱在怀中的巧姐，还有丫鬟们，都一起出动了。明乎此，

也就可以认同四月二十六日是贾宝玉的生日，因为贾宝玉是送花人的角色。曹雪芹描写"饯花节"这回之所以不明提贾宝玉的生日，或是为了与后文的第六十三回他过生日抽花签一回不犯重。贾宝玉曾有一番伤感的言论，希望那些女子一直都在他身边，直到看着他离开这个世界，却没有想到，最终是他看着身边的女子，一个个离开了大观园，也就隐喻了她们最终都像花开花谢一样，红颜薄命。曾经疼她的大姐元春，后来入了宫。二姐迎春后来嫁给了孙绍祖，三妹探春后来远嫁异乡，四妹惜春出家为尼。黛玉、湘云、香菱、晴雯、芳官……这些曾经如花一般的女子，最终死的死、走的走、嫁人的嫁人，脂砚斋评语说贾宝玉系"诸艳之贯"，他亲眼看着她们一个个离开。所以，晴雯死后，贾宝玉写了一篇《芙蓉女儿诔》，已经坐实了他送花人的身份，这也是曹雪芹将"芒种节"与"饯花节"合二为一又安排在四月二十六日的主要原因。

《红楼梦》是诗化的小说，通篇充满着诗意。阅读《红楼梦》，仿佛走进诗意的栖居之地和风月无边的传统文化园林，在高尚的精神享受之中痴迷沉醉。诗境品红楼，画意有丹青。画家彭连熙选用工笔重彩的技法来画红楼群芳，在构思和处理上，取工笔画"周密不苟"，舍其"萎靡柔媚"。其画晴雯"独倚绿蕉"的高雅品质跃然纸上，画宝黛芒种共饯花，情景交融。画面既饱满充盈又飘逸超脱，彭连熙走的是工笔与写意并用之路，用绢本精绘更完美地展示出晴雯及贾宝玉、林黛玉的风姿，透现出其心灵世界。画面保留着工笔画的精、纯、净、美，呈现出曹雪芹原著中那令人神往的诗情画意。

粉蝶黃蜂各自愁

夏至

孟法師碑

一候·鹿角解

二候·蟬始鳴

三候·半夏生

夏至系二十四节气的第十个节气，画面选取《红楼梦》中的林红玉在这个时节摘白兰。林红玉是贾府的丫鬟，她在怡红院当差时并不起眼，比起袭人、晴雯等，只能算一个地位卑微、受奚落的丫鬟。她没有递茶倒水叠被铺床的份儿，只不过做些浇花扫地的打杂工作，但她有着攀上的心思，因不见容于晴雯等，心灰意冷之际，改投王熙凤并得到重用。

　　《红楼梦》前八十回涉及小红的描写，主要集中在第二十四回"醉金刚轻财尚义侠　痴女儿遗帕惹相思"、第二十五回"魇魔法姊弟逢五鬼　红楼梦通灵遇双真"、第二十六回"蜂腰桥设言传心事　潇湘馆春困发幽情"、第二十七回"滴翠亭杨妃戏彩蝶　埋香冢飞燕泣残红"这几回中。林红玉因名字中的"玉"犯了林黛玉、贾宝玉的名讳而改名小红（也称红儿），但曹雪芹这里点明小红原名"林红玉"也有所指，绝不是随便给了人物一个名字。脂砚斋针对"原来这小红本姓林"的原文批道："又是个林"，在"小名红玉"原文批道："'红'字切绛珠，'玉'字则直通矣。"林黛玉有号名绛珠仙子，绛即红，珠和玉暗合，红玉和黛玉一红一绿，红和绿相互映衬，颇有情趣。小红与黛玉不仅名字相似，还有其他相似处，如她俩的口才都极好，黛玉一张嘴"让人爱也不得，恨也不得"，小红的嘴如大珠小珠落玉盘，一口气可以说出四五档子的事，听得李纨啧啧称奇，王熙凤也惊讶，夸小红说得齐全，口声又简断，不像有的丫鬟扭扭捏捏跟蚊子似的。小红与黛玉同样身体不好，平日里也吃药，小丫鬟佳蕙说："我想起来了，林姑娘生的弱，时常他吃药，你就和他要些来吃，也是一样。"这里直接说出了小红与黛玉皆多病的状况，

最为重要的还是她二人皆有对爱情的追求，试图打破封建礼教的束缚。偌大的贾府，姓林的人家并不多，小红本是林之孝家的女儿，红玉和黛玉的联系，不仅在前八十回有所体现，后文数十回也应有大段的描写，但通行本后四十回续书中，小红这个形象已可有可无，这不大符合曹雪芹的预设。因为前文既然有伏笔，后文就断不可能不接续前文所伏，况且脂批中也有相关情节的提示，如第二十七回的回前批："凤姐用小红，可知晴雯等埋没其人久矣，无怪有私心私意。且红玉后有宝玉大得力处，此于千里外伏线也。"

小红工于心计、善于谋划，但她又是清醒的，曾对坠儿说："千里搭长棚，没有不散的宴席。"读者可能对秦可卿临死前托梦给王熙凤说的那段惊心动魄的话耳熟能详，探春在抄检大观园时也说过一句警世醒人的话："可知这样的大族人家，若从外头杀来，一时是杀不死的，必须先从家里自杀自灭起来，才能一败涂地！"但秦可卿、贾探春毕竟都是主子辈有身份的人物，小红只不过是个位卑不起眼的小丫鬟，竟能说出这样的话，可谓见识不俗。小红敢于冲破封建礼教，大胆地向贾芸表白爱情。她第一次见到贾芸，先是"抽身躲了回去"，直到听焙茗说是"廊上的二爷"，才知他是本家爷们，这一次就"下死眼""钉了两眼"，最终在贾府被抄家之前，和贾芸结为夫妻。小红通过自己的努力找到了归宿，而不是像大观园里其他丫鬟那样听天由命，"大了胡乱配一个小子"。小红凭借自己的聪明，改变了命运，可见这个小丫鬟并不简单。据畸笏叟在第二十六回的评语："《狱神庙》回有茜雪、红玉一大回文字，惜迷失无稿，叹叹。"可

见小红在贾府被抄、王熙凤、贾宝玉获罪时，应有一番作为。当时与小红到狱神庙的，还有贾芸，但通行本后四十回中，缺失了这个情节。目前关于小红结局尚无准确说法，据脂砚斋评语透露，小红后来同贾芸离开了贾府，并在贾府败落之际对贾宝玉等人给予了一定的帮助，这与通行本后四十回续书中所写的明显不符。

《红楼梦》前八十回中写贾宝玉见到小红时场景是这样的：

> 一时下了窗子，隔着纱屉子向外看的真切，只见好几个丫头在那里扫地，都擦胭抹粉，簪花插柳的，独不见昨儿那一个。宝玉便趿了鞋晃出了房门，只装着看花儿，这里瞧瞧，那里望望，一抬头，只见西南角上游廊底下栏杆上似有一个人倚在那里，却恨面前有一株海棠花遮着，看不真切。只得又转了一步，仔细一看，可不是昨儿那个丫头在那里出神。

这段宝玉见小红时诗情画意的特意描写，引起了脂砚斋的注意，此处有评语："试问观者，此非'隔花人远天涯近'乎？"，脂评句引自《西厢记》第二本第一折崔莺莺所唱曲，是说崔张虽只隔着一墙花影，却如远隔天涯。如此费心刻画小红，足见曹雪芹对她的重视。画家彭连熙对曹雪芹的意图深有体会，选取小红摘白兰的情境创作，人物与植物和谐搭配、相得益彰。白兰是常绿乔木，花色洁净，味道清香。白兰花期长，也象征小红在《红楼梦》中虽出场不多，但能一直延续到收场，她对贾府的败落早有预感。优美的画面、鲜活的人物形象、鲜明的色彩，在洁白的纸上呈现出小红的不俗形象，令人难忘。

迎春
書書當無意訴
恩怨紅樓夢
斷月滿軒
丙戌年仲春冯上
赵连熙为红楼金
钗连像并記

小暑

鴈塔聖教序

一候 · 温风至
二候 · 蟋蟀居宇
三候 · 鹰始鸷

小暑系二十四节气中的第十一个节气，画面选取贾迎春在这个时节枯坐石木椅凳读《太上感应篇》的情境，颇符合这个"二木头"的性情。民间有"冬不坐石，夏不坐木"的说法，小暑后，气温高、湿度大，若久坐露天椅凳，会诱发痔疮、风湿和关节炎等疾病，但迎春的性情，使得她不会顾忌这些。迎春是红楼众钗中最安分、沉静的大家闺秀，然而命运凄惨。不问世事的她，也只能在清闲中打发时光。

迎春的判词是：

子系中山狼，得志便猖狂。

金闺花柳质，一载赴黄粱。

贾迎春是贾赦的女儿，她与精明强干的探春虽均为庶出，但性格却截然相反。迎春善良却懦弱怕事，故浑名"二木头"。她在为人处世上只知退让、任人欺侮。为了息事宁人，她对周围发生的事常常视而不见。最能表现她懦弱怕事性格的是《红楼梦》第七十三回"懦小姐不问累金凤"，这回中写奶妈偷了她的攒珠累金凤首饰当了赌钱，当丫环绣橘要告到王熙凤那里替她追回时，她却忙道："罢，罢，罢。省些事罢。宁可没有了，又何必生事？"这软弱的性格，连丫鬟也气不过地说："姑娘怎么这样软弱？都要省起事来，将来连姑娘还骗了去呢！"迎春听此责言，却"不言语"。她是有名的"心活面软"的人，邢夫人这样说她，下人们也这样说她。下人们欺迎春素日懦弱，把她全"不放在心上"，

"明欺迎春素日好性儿"，奶妈偷了她的金凤首饰当了赌钱之事发后，其儿媳玉柱家的不仅不将首饰赎回还给迎春，反而让迎春替她婆母说情，迎春没有允诺，玉柱媳妇儿就强词夺理说邢夫人如何如何的。此时迎春却息事宁人地说："罢，罢罢。不能拿了金凤来，不必牵三扯四乱嚷。我也不要那凤了。便是太太问时，我只说丢了，也妨碍不着你什么的，你出去歇息歇息倒好。"当迎春的丫头绣橘不放过这强词夺理的玉柱媳妇时，迎春反而劝解，见劝止不住，便"自拿了一本《太上感应篇》一边去看了"。在探春、平儿来了帮助解决这一事情时，她反而成了局外人，与宝钗在一旁看《太上感应篇》的故事，当问到她的意见时，她只说："……私自拿去的东西，送来我收下；不送来，我也不要了……任凭你们处置，我总不知道。"在抄检大观园中，她的丫鬟司棋箱中被搜出表弟潘又安送的定情物，因此被撵出贾府。迎春对此事，虽然"含泪似有不舍之意"，但当司棋向她求救时，她却"连一句话也没有"，当贾府的老婆子周瑞家的催促司棋走时，迎春却手里"拿着一本书"，听周瑞家的话，"书也不看，话也不答，只管扭着身子，呆呆的坐着"。迎春在司棋被撵走时，一筹莫展，只能含泪，那难舍的主仆之情只能派侍女绣橘送一个绢包以表达。迎春这样一个善良、懦弱、无能、怕事的女子，在那黑暗的社会中其命运必然是悲惨的。

　　《太上感应篇》系道教经典，内容主要是劝人遵守道德规范，特别强调承负法则。承负观念虽与佛教因果报应相似，但又有不同。修身保生是道教的哲学，因此就必须回避大大小小"有数百事"

的过错。迎春的处世哲学，思想基础或源于此书。她小时死了母亲，父亲贾赦与邢夫人对她并不怜惜。父亲欠了孙绍祖家五千两银子，就用她抵债。孙绍祖是一个行为不轨之徒，好色、好赌、酗酒，无所不为。"子系中山狼"句，"子""系"合而为"孙"，是点出孙绍祖。"中山狼"借明代马中锡《中山狼传》的典，指出孙绍祖是忘恩负义之人，具有狼的本性。孙绍祖原是大同府人氏，祖上系军官出身。当时他祖父希慕宁荣两府之势，有不能了结之事，就拜在门下，做了门生，从此与贾府成了世交。后孙家家资饶富，孙绍祖又善应酬权变，弓马又娴熟，于是在京袭了职，又于兵部候缺提升，便猖狂得意，胡作非为。迎春过门之时，正是他得意忘形之刻，不仅"家中所有的媳妇丫头将及淫遍"，而且暴戾成性，动不动打骂迎春，骂迎春是"醋汁子老婆拧出来的"，常指着迎春说："你别和我充夫人娘子！你老子使了我五千银子，把你准折卖给我的。好不好，打一顿，撵在下房里睡去！"后来迎春回贾府向娘家人诉说所受的虐待，大家虽同情落泪，但毫无办法，认为"嫁出去的女孩儿，泼出去的水"，只能"嫁鸡随鸡，嫁狗随狗"。虽然迎春并不甘心地说："我不信我的命就这么苦！"然而也只能在娘家住了几天就又回到狼窝。后四十回续书中描述迎春回去后，孙绍祖常不给饭吃，冬天也只给几件旧衣裳穿，娘家人来了她躲在耳房里不敢见。"可怜一位如花似月之女，结缡年余，不料被孙家揉搓，以致身亡。"从续书的内容来看，虽然迎春的情节展开不多，但所写的悲剧结局与曹雪芹所写的判词、曲子中的设想还是一致的。

与判词相匹配的图画是恶狼追扑—美女欲啖，迎春表面是被"中山狼"孙绍祖吃掉的，其实吞噬她的是整个封建制度。画家彭连熙选择富于人生意义的自然景趣，蕉荫下迎春注目读书，冷色调更显孤寂与凄凉。"红了樱桃绿了芭蕉"的画境营造，正是年华易逝的诗境写照。绘画首先是视觉艺术，讲究意境。所谓意境，就是以"我"之心感知外物，以外物触发我之情性，在主观心性与客观物境之间互相感触、互相渗透所展现出的空灵、深邃的天地。有诗心即会有画境，所谓"境由心生"。人的心性如何、修养如何，与所造之境的品位息息相关。彭连熙笔下的人物美而不媚，所谓其妍在质。

大暑

歐陽詢行書千字文

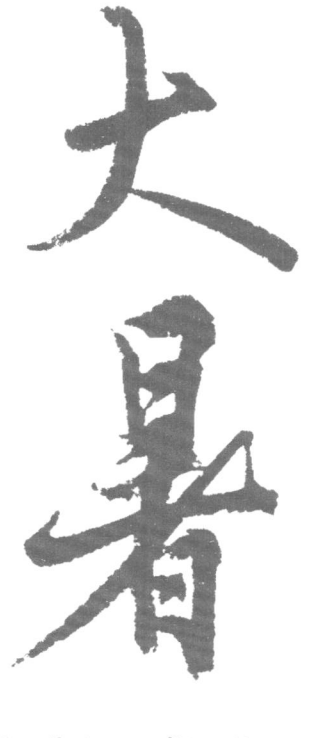

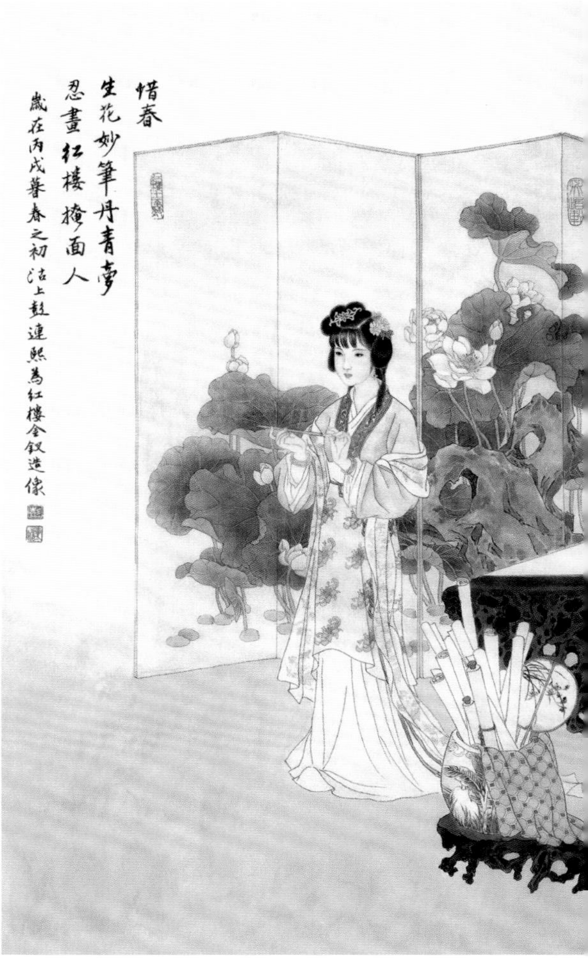
惜春
生花妙筆丹青夢
忍畫紅樓擔面人
歲在丙戌暮春之初沽上趙連熙為紅樓金釵造像

一候·腐草为萤

二候·土润溽暑

三候·大雨时行

大暑系二十四节气中的第十二个节气，也是夏季的最后一个节气。贾惜春在这个时节于绘芳园作画，非常契合《红楼梦》中的情景。贾母让她画大观园，起因是刘姥姥二进荣国府时说的一段话：

我们乡下人到了年下，都上城来买画儿贴。时常闲了，大家都说，怎么得也到画儿上去逛逛。想着那个画儿也不过是假的，那里有这个真地方呢。谁知我今儿进这园一瞧，竟比那画儿还强十倍。怎么得有人也照着这个园子画一张，我带了家去，给他们瞧瞧，死了也得好处。

刘姥姥夸赞大观园比画儿还好看，如能画出来就更好了。贾母正是因为听到了这句话，才起了叫惜春画大观园的心。当然，贾母并不是为了让惜春画完这幅画后，送给刘姥姥带回去。有的研究者认为，贾母让惜春画大观园，是打算年下当作新春礼物，送给皇宫里的元妃，既可以赏心悦目，又可以让她解思家之苦，因此贾母要求惜春到年下必须"交货"。但元妃省亲时，看见这座为她修建的大观园，却觉得不该过于奢靡。如果她收到了惜春画的这幅画，未见得会悦目娱心，况且睹物思人，更不会开心。所以贾母不大可能做出这种弄巧成拙的事。她虽不是因为刘姥姥的话而让惜春画大观园，然而总是有所触动，要将美好的事物画出来，以便留下来给后人看。大观园是美好的象征，象征着贾府繁华的一幕，但繁华过后终一梦，贾府的繁华也即将到了落幕的时刻。贾母将这个结局早就看透了，意识到将来贾府一定会衰落，

大观园也是要随之荒废的，不如趁现在将它画下来，也算是留作个纪念。这也许是曹雪芹在《红楼梦》中安排惜春作大观园画的真正用意。

贾惜春的判词是：

> 勘破三春景不长，缁衣顿改昔年妆。
>
> 可怜绣户侯门女，独卧青灯古佛旁。

与判词相匹配的图画是座古庙，里面有一美人，在内看经独坐。"勘破三春"，字面上说是看到春光短暂，实则语带双关，是说惜春的三个姐姐元春、迎春、探春都好景不长。缁衣即黑色的衣服，僧尼穿黑衣，所以出家也叫披缁。据曾见过下半部佚稿的脂砚斋评语，惜春后来"缁衣乞食"，境况悲惨，并非如通行本《红楼梦》后四十回续书所写的，取妙玉地位而代之，在大观园栊翠庵过上了闲逸的生活。惜春应是目睹了三个姐姐结局后，看破红尘而出家，在庙中与青灯古佛相伴。

《虚花悟》曲对贾惜春的遭遇有所感慨：

> 将那三春看破，桃红柳绿待如何？把这韶华打灭，觅那清淡天和。说什么，天上天桃盛，云中杏蕊多。到头来，谁把秋捱过？则看那，白杨村里人呜咽，青枫林下鬼吟哦。更兼着，连天衰草遮坟墓。这的是，昨贫今富人劳碌，春荣秋谢花折磨。似这般，生关死劫谁能躲？闻说道，西方宝树唤婆娑，上结着长生果。

贾惜春"勘破三春"，披缁为尼，并不表明她在大观园的姊妹中最能领悟人生的真谛。恰恰相反，曹雪芹对惜春作了深刻的解剖，让读者看到她选择这条道路的主客观原因。客观上她在贾氏四姊妹中年龄最小，当她逐渐懂事的时候，周围所接触到的多是贾府已衰败的景象。家族的没落命运，三个姐姐的不幸结局，使她为自己的未来担忧，现实的一切对她失去了吸引力，便产生了弃世的念头；主观上则是由环境塑造成的她那种毫不关心他人的孤僻冷漠性格。贾惜春是"心冷嘴冷"的人，处世哲学是"我只能保住自己就够了"。抄检大观园时她撵走毫无过错的丫鬟入画，对别人的流泪哀伤无动于衷。当贾府一败涂地的时候，入庵为尼便是她逃避现实、保全自己的必然道路。对于皈依宗教人物的精神面貌，曹雪芹作如此现实的描绘，而绝不在她们头上添加神秘的灵光圈，这实际上已成了对宗教的批判。曹雪芹也没有按照佛家理论，将惜春的皈依佛门，看作是登上了普济众生的慈航仙舟，从此能获得光明和解脱，而是按照现实来描写她的归宿。"可怜绣户侯门女，独卧青灯古佛旁"在原稿中，她所过的"缁衣乞食"的生活，境况应比通行本后四十回续书所写悲惨得多。

　　画家彭连熙对《红楼梦》的理解非常到位，力求画出人物内在的精神世界，让画面有丰富的内涵和意境。原著中贾母要求惜春不单画园子的花花草草、亭台楼阁，还要将人都画上。原来贾母想要的并不是一幅大观园画，而是一幅大观园群芳荟萃图。在《红楼梦》中，荣宁两府是作者描绘的中心场景，荣国府是众人生活的重心，但宁国府也起到了补充作用。荣国府的大观园如画，

宁国府的会芳园也同样怡然。宁府的整体结构没有特别的描述，但是会芳园却频频出现，在这里发生了很多故事，会芳园在曹雪芹的心中有着重要的位置。会芳园寓意众芳聚集后的风流云散，彭连熙对此深有领会，巧妙利用"会"与"绘"的谐音，构思"惜春大暑绘芳园"的情境。画中惜春的藕香榭画室陈设古色雅洁，她拈笔凝神，呼之欲出。她背后的荷花屏风，将观众带入"芙蓉影破归兰桨，菱藕香深泻竹桥"的诗境中。红楼群钗，面容皆美，造像易陷于脸谱化自不待言，即使借助外貌形体之张力，亦不宜逾度。惜春作画，常被认为是《红楼梦》中可以与黛玉葬花、宝钗扑蝶、湘云醉卧相媲美的一个场景，由《红楼梦》文本衍生出的绘画、雕塑等造型艺术里，惜春作画被一再表现，彭连熙的新作可谓独出心裁。

立秋

郭家廟碑

一候·凉风至

二候·白露降

三候·寒蝉鸣

立秋系二十四节气中的第十三个节气，也是秋季的第一个节气。梧桐细雨、芭蕉叶落，均是大自然凄凉的秋景。平儿在这个时节里对镜理妆，情态的表面平静掩饰不住其内心的苦闷。

平儿虽未进入金陵十二钗"正册"，但她在《红楼梦》前八十回的回目中竟出现过四次，即第二十一回"俏平儿软语救贾琏"，第四十四回"喜出望外平儿理妆"，第五十二回"俏平儿情掩虾须镯"，第六十一回"判冤决狱平儿行权"，可见她并非无足轻重。当然，《红楼梦》中有关平儿的描写并不限于回目提到的那四回，而是贯穿了全书，足见曹雪芹对她的重视。第五回中没有她的判词，并不说明平儿的角色不重要，估计有两种可能：第一种是贾宝玉梦游太虚幻境时进的是薄命司，他看到的都是命不好的，平儿最后结局还不错；第二种是平儿的判词在副册，贾宝玉还没看完就扔下了，所以曹雪芹没写出。平儿是王熙凤嫁给贾琏时带的陪嫁丫鬟，后来帮助王熙凤管理府中的事宜。因性格温和、心地纯良，贾府上上下下都非常喜欢她。其实命好与不好也是相对的，平儿每天面对的是狠厉的王熙凤及俗气的贾琏，且这两个经常吵架，平儿扮演的就是和事佬的角色，让王熙凤与贾琏这对夫妻可以和平相处。《红楼梦》第五十二回"俏平儿情掩虾须镯"，体现出平儿温柔的品性。那天平儿吃鹿肉，带镯子不便，就拿下镯子去洗手。没想到就是这洗手的空档，她那放在一旁的虾须镯不见了，但当时她没有声张，私底下告诉了各院的人都留意，慢慢找着就找到了。虾须镯是怡红院的一个丫鬟偷的，名叫坠儿。为了不让怡红公子贾宝玉感到难堪，平儿并没有说出实话，

只是告诉贾宝玉虾须镯是她自己没保管好，不小心掉到雪堆里面了，雪把虾须镯掩盖住。天气暖和雪也融化了，虾须镯也找到了。平儿虽是王熙凤的丫鬟，但两人的处事风格和性格完全不同。王熙凤善妒，四个陪嫁丫鬟死的死、伤的伤，最后只剩下平儿一人。三个丫鬟的悲惨结局，王熙凤肯定脱不开干系。卧榻之侧岂容他人鼾睡？凡是贾琏喜欢的女人，或者有意争宠的女人，王熙凤自有办法去对付。能通过筛选被王熙凤留条命，还留在这对夫妇身边，足见平儿品行与能力的出众。

《红楼梦》第三十九回李纨曾对平儿作过评论，说："你就是你奶奶的一把总钥匙"，这个评论可以说是一语中的，将平儿的身份、地位道出。作为王熙凤的心腹，平儿表现出忠心事主的品格。凡属王熙凤的大小事情都先经过她的手，然后再报告给主人裁夺。她如同一位高级的生活秘书，事事料理得井井有条，而又从不越权行事，这是她深得王熙凤喜欢和被信任的重要原因。平儿的生存能力，让她有充分的审时度势的智慧，从而随之调整自己的言行。平儿是在夹缝中生存，这一点，贾宝玉比谁都清楚：

（宝玉）忽又思及贾琏惟知以淫乐悦己，并不知作养脂粉。又思平儿并无父母兄弟姊妹，独自一人，供应贾琏夫妇二人。贾琏之俗，凤姐之威，他竟能周全妥帖，今儿还遭茶毒，想来此人薄命，比黛玉犹甚。想到此间，便又伤感起来，不觉洒然泪下。

平儿虽忠于女主人，但同时也体恤下面的丫鬟、小厮，王熙

凤打小丫鬟，平儿就在旁边劝。平儿照顾远道而来的刘姥姥，施舍她好多吃食、衣裳、银子、药品等。贾琏偷娶尤二姐之后，王熙凤要置尤二姐于死地。平儿又偷偷地背着王熙凤去照顾尤二姐，甚至忍受了女主人对她的讽刺和指责。

评论家对平儿的看法褒贬不一，褒之者赞美她是集色、才、德于一身的"完人"，甚至认为她对女主人具有"古名臣事君之风"；贬之者认为她待人处事"伪善"，对下人所施小恩惠无非是奴才为主子采取的"以宽济猛"权宜之计。红学家王昆仑曾谈到如何拿捏这一人物的写作分寸："过于软弱无能，不配做王熙凤的心腹助手；精明强干了，一天也容她不下。如果平儿是紫鹃那样温和淳厚的好人，在那样一种精强狠辣的主子脚下，简直不能活下去"，这分析很到位。根据《红楼梦》人物命名常用的谐音法，平儿的名字"平"可谐音"公平"，她在很多事情的处理上能做到主持公义。"平"还可谐音"平衡"，既平衡凤姐与贾琏的关系，又帮凤姐去平衡上下的关系。从这个意义上讲，"平"可谐音"屏风"的"屏"，在王熙凤不露面情况下，平儿挡在前替她出头做事。平儿行权处事不张扬，正如《红楼梦》第六十二回所论"要是一点子小事便扬铃打鼓，乱折腾起来，不成道理"。"平"也可谐音"花瓶"的"瓶"，作为贾琏侍妾，因王熙凤的醋妒而有名无实，被当作"花瓶"摆设。各种说法都能在《红楼梦》中找到依据，总的看，平儿的忠心尽责取得了王熙凤信任，是称职的"副职"，身居权要能心存淳厚，更为难得。

在《红楼梦》万紫千红的丫鬟群中，受到主子信任、"有体面"

的丫鬟不在少数。平儿与袭人、紫鹃、鸳鸯齐名，她们分别居于王熙凤、贾宝玉、林黛玉及贾母的"首席"大丫鬟地位。本性善良、富于同情心的平儿，要侍奉以"辣"著称、脸酸心硬的王熙凤，竟能相安，甚至在某种程度上相得，几乎是不可思议的事。与其余的大丫鬟相比，平儿做人的难度最大。今天的女孩子并非生活在衣来伸手、饭来张口的大观园，也不是只会作诗的林黛玉，从当代职场考虑，王熙凤的泼辣性格更适合职场生存，但她贪酷任气使性；相比而言，平儿不矜才、不使气、不恃宠、不市恩，不辞劳怨，她能在人际关系复杂的贾府与上下和谐相处，可谓深谙中庸之道。其实中庸不等于平庸，更不等于无原则的庸俗，能保护自己并力所能及为周围的人排忧解难，平儿的"生存策略"对当代职场人应有所启示。

如何用绘画形式表现平儿？对画家彭连熙而言确实是个难题。因为《红楼梦》中没有对平儿的外貌进行详细描写，但曹雪芹多次用"俏"来形容，可见平儿清秀可人、长相俏丽。彭连熙深入地品味、感悟《红楼梦》原著，创作时选取平儿对镜理妆的场景，意在表现出漫不经心的平静外表下，难以为外人所道的内心痛苦，正如李清照词中所表达的意境："守着窗儿、独自怎生得黑！梧桐更兼细雨，到黄昏，点点滴滴。这次第，怎一个愁字了得！"

巧姐

可憐日日紡績忙
夜夢朱樓貓感傷

戊戌年初冬古上藍連熙為仁樓舍欽造象筆記

處暑

同州聖教序

一候·鷹乃祭鳥

二候·天地始肅

三候·禾乃登

处暑系二十四节气中的第十四个节气，春华秋实，丰收在望，贾巧姐在这个时节里忙于女红的纺绩，倒也应景。

巧姐虽然年纪小，但她进入了金陵十二钗的行列，其判词云：

> 势败休云贵，家亡莫论亲。
>
> 偶因济刘氏，巧得遇恩人。

与判词相匹配的图画是"一座荒村野店，有一美人在那里纺绩"。《留余庆》曲子对巧姐的经历补充得更具体：

> 留余庆，留余庆，忽遇恩人；幸娘亲，幸娘亲，积得阴功。劝人生，济困扶穷，休似俺那爱银钱忘骨肉的狠舅奸兄！正是乘除加减，上有苍穹。

巧姐因为年纪小，她的出场一般是由母亲王熙凤陪着，但还有一个人如影随形，这就是刘姥姥。从她的判词也可以看出，"济刘氏"就是指的王熙凤接济刘姥姥，因此贾府败落时刘姥姥救巧姐脱难。

《红楼梦》从开篇到第五回主要是"预叙"，是对以后故事情节的铺垫，小说真正的展开当在第六回。刘姥姥初进荣国府本想投奔王夫人，但并未如愿，只见到了王熙凤，得到了二十两银子接济。为答谢王熙凤，她从自家地里摘了新鲜的瓜菜送去。第三十九回当刘姥姥二进荣国府时，恰逢巧姐生病，王熙凤就请刘姥姥给她起个名，借贫贱来除病延年。刘姥姥闻知巧姐是七月初

七生，就给取了个名叫"巧姐"，并且说："姑娘定要依我这名字，他必长命百岁，日后大了，各人成家立业，或一时有不遂心的事，必然是遇难成祥、逢凶化吉，却从这巧字上来。"七月初七这个日子也称"七夕"节，与传统农耕社会男耕女织的生产方式相联系，产生了牛郎织女鹊桥相会的美丽神话传说，又称"乞巧"节，青年男女在"七夕"这个日子期盼求得情投意合的佳偶，以喜结良缘。刘姥姥二进荣国府时，当周瑞家的给王熙凤回话时，贾母也在场，主动提出要见刘姥姥。见面后刘姥姥讲了很多乡下的奇闻轶事，因贾母喜欢听，就留她多住几日，这说明刘姥姥擅长根据聊天对象选择话题，能针对不同人群切换语言频道。她并不遮掩自己的粗俗，甚至不惜采用自轻自贱的方式。王熙凤为博得贾母的开心，吃饭时有意给刘姥姥拿了双象牙镶金筷子，还故意摆了一盘鸽子蛋，刘姥姥半日夹不起一个蛋，引发众人大笑。以刘姥姥的人生阅历，其实很清楚王熙凤在戏弄她，但她默默承受了一切，因为生活本身就是沉重的。刘姥姥这看似有点邋遢的乡下老太太，装傻卖萌，任人取笑，却是返璞归真，真正的大智慧。

刘姥姥最大的性格闪光点，在于她的知恩图报。贾府没落时，王熙凤将巧姐托付，她也不负所托，散尽家财救下巧姐，是其人性的升华。当然这已是《红楼梦》八十回后，曹雪芹原稿中的刘姥姥三进荣国府的情节，读者已无法看到。不过续书也没太违背曹雪芹预设的"伏线"，刘姥姥二进荣国府为巧姐取名时说的"遇难"，已经预示着贾家后来的败落，巧姐也难脱此难，但刘姥姥说的"逢凶化吉"，也预示着巧姐有个较好的归宿。通行本后

四十回中安排巧姐的归宿是，被王仁、贾环、贾芸等卖后由刘姥姥救出，又嫁给了一个周姓地主，依旧过着荣华富贵的好日子，这个情节需要辨析。《留余庆》曲中提及"狠舅奸兄"，其中的"狠舅"好确认，就是王熙凤的娘家哥哥王仁，其名谐音"忘仁"，寓意忘恩负义。然贾环既非"舅"亦非"兄"，而是巧姐的叔叔。不过有一点可以肯定，贾芸并非曹雪芹原稿中说的"奸兄"，因据脂批，他在贾府败落后曾"仗义探庵"，可见是个有情有义之人。

有的《红楼梦》探佚研究者认为巧姐与刘姥姥的外孙板儿结亲，这也并非毫无根据。脂砚斋评语中亦有提示，甲戌本第六回前脂评说："此回借刘妪，却是写阿凤正传，并非泛文；且伏二进、三进及巧姐之归着。""归着"一语，特别提示了巧姐的归宿是刘姥姥家。又在小说此回叙到"小小一个人家，向与荣府略有些瓜葛"处，脂评曰："略有些瓜葛，是数十回后之正脉也。真千里伏线。"这里的"正脉"就是指正式的亲戚，绝非攀认的假亲戚。再如刘姥姥二进荣国府时，曹雪芹对巧姐与板儿的嬉戏作了描写。《红楼梦》早期的庚辰本的描写中，曾穿插两处脂评：

那大姐儿因抱着一个大柚子顽的，忽见板儿抱着一个佛手，便也要佛手。（此处有脂评：小儿常情，遂成千里伏线）。丫鬟哄他取去，大姐儿等不得便哭了。众人忙把柚子与了板儿，将板儿的佛手哄过与他才罢。那板儿……又忽见这个柚子又香又圆，更觉好顽，且当球踢着玩去，也就不要佛手了。（此处有脂评：柚子即今香圆之属也，应与"缘"通。佛手者，正指迷津者也。以小儿之戏，暗透前后通部脉络，隐隐约约，

毫无一丝漏泄，岂独为刘姥姥之俚言博笑而有此一大回文字哉！）

脂评这段文字有其可信处，因其见过曹雪芹关于巧姐归宿情节的佚稿。而且判词及画面文字亦揭示得明明白白："一座荒村野店，有一美人在那里纺绩"。此外，《红楼梦》第十五回写贾宝玉去铁槛寺途中，在"庄农人家"见到"村庄丫头"纺纱，觉得"果然好看"，清人王希廉对此评曰："写乡村女子纺纱等事，直伏巧姐终身"，故巧姐归宿绝非续书所写嫁给"家资巨万"的大地主周家。

刘姥姥三进荣国府，从她第六回来贾府打秋风，到第百十三回王熙凤托孤，这个乡间老妪见证了贾府从辉煌走向没落的全过程。刘姥姥在《红楼梦》全书的结构方面起到了穿针引线作用。她的每次出场，都能带出不同人物。如果从结构角度具体深入去审视，其实是刘姥姥和巧姐及她的母亲王熙凤共同推进了故事情节的进展。

画家彭连熙选取农舍牵牛花为衬景，隐喻巧姐夫妻自食其力，过起男耕女织的平静生活，画面也体现出艺术构思上的"师造化，法心源"，画家将布局经营、人物刻画和与之相适应的笔墨形式融贯一体，以空灵的水墨、洒脱自然的线条、传神的形象，呈现出笔墨的精微和画品的高古格调。

白露

玄祕塔碑

連理枝頭花正開
丙戌平大暑彭連熙作

一候·鸿雁来

二候·玄鸟归

三候·群鸟养羞

白露系二十四节气中的第十五个节气，《诗经》"蒹葭"篇有句："蒹葭苍苍，白露为霜。所谓伊人，在水一方"，表达了主人公望穿秋水又求之不得的惆怅心态。香菱拜黛玉为师写诗是《红楼梦》中的经典情节，画家选择白露节气让她咏诗，适得其时。

　　香菱本名甄英莲，为甄士隐的独生女，她是《红楼梦》中第一个出场的女子，第一回描写甄士隐家被葫芦庙引起的火灾烧成灰烬，预示了贾府的凄惨结局。如果说甄家的小荣枯映衬着贾家的大荣枯，那么香菱的命运则预示了红楼薄命女儿的共同命运。谁能想象到娇生惯养的甄家掌上明珠，会成为一个让人作践的奴才？谁又能容忍那么聪明俊秀的姑娘，配给一个只会作"哼哼韵儿"的蠢材薛蟠？甄英莲谐音"真应怜"。香菱出场早退场迟，一直延续到原著第八十回后，因此她也是一位贯穿始终的人物。从叙事学的视角看，曹雪芹写香菱，运用的是"预叙"手法。所谓"预叙"，法国学者热奈特曾指出，就是"事先讲述或提及以后要发生的事件"。曹雪芹"预叙"的结果，在后来情节进展中多有验证，所谓"草蛇灰线，伏脉千里"，但通行本后四十回的续书情节，描写夏金桂给香菱下毒，却毒死了自己，香菱被扶作正室，最后难产而死，这并不符合曹雪芹的原意。下毒反而毒死自己的情节，与关汉卿笔下的《窦娥冤》剧情近似，关汉卿设计的剧情是：蔡婆婆生病时窦娥做了羊肚汤，张驴儿偷偷在汤里下了毒药，他想先毒死蔡婆婆，然后逼窦娥成亲。蔡婆婆接过汤碗忽觉身体不舒服要呕吐，就让给在场的张驴儿父亲喝了，结果张

驴儿父亲中了毒身亡。张驴儿没想到毒死了自己父亲，便将杀人的罪名栽赃到窦娥身上，告到楚州衙门。《窦娥冤》固然是经典作品，但曹雪芹不可能因袭照搬。此外，香菱难产而死，虽然也是悲剧结局，但"难产"属于自然悲剧，并非震撼人心的社会悲剧，因此不如曹雪芹原稿中设计的香菱之死意义深刻。香菱的判词如下：

> 根并荷花一茎香，平生遭际实堪伤。
>
> 自从两地生孤木，致使香魂返故乡。

元宵节时，家丁霍起（谐音"祸起"）携带香菱外出，不慎将她丢失。香菱被人贩子养大后，卖给了冯渊，但人贩贪财心切，又将她卖给薛蟠。冯渊被薛蟠打死，香菱就做了薛蟠的侍妾。"两地"与"孤木"，系拆字法。"两地"是两个"土"字，与"木"字合起来即为"桂"字，指薛蟠买下香菱后，迎娶的正室为夏金桂，她对香菱非常刻薄，判词配画中的一株桂花、一池泥沼，池中泥干莲败，预示着香菱被夏金桂折磨致死的结局。这从《红楼梦》第八十回的回目也能看出，尽管这一回的回目存在着版本差异，如梦稿本作"懦迎春肠回九曲，姣香菱病入膏肓"，程甲本作"美香菱屈受贪夫棒，王道士胡诌妒妇方"，依照判词和回目，香菱遭受夏金桂虐待后病入膏肓后死去，应是比较符合《红楼梦》故事发展逻辑的情节设计。在受到夏金桂的不断欺辱时，香菱能咬牙忍气，体现了其性格中的隐忍大度。关于香菱的品格，脂砚

斋有非常精辟的评论:"细想香菱之为人也,根基不让迎探,容貌不让凤秦,端雅不让纨钗,风流不让湘黛,贤惠不让袭平。所惜者青年罹祸,命运乖蹇……"脂砚斋不惜笔墨以金陵十二钗正钗迎春、探春、凤姐、秦可卿、李纨、宝钗、湘云、黛玉等多人来衬托对比,由此可见香菱的秀外慧中、人品出众,集诸钗优点于一身。的确如此,《红楼梦》中有两类截然不同的女子形象:一类是像黛玉、妙玉、晴雯等人的冷僻高傲;另一类是像袭人、宝钗等人的世故练达。曹雪芹在塑造香菱时,抛撒了这两种典型,将她塑造成娇憨天真、纯洁温和的女性。香菱虽然遭到厄运,但依然浑融天真,恒守着她温和专一的性格。

为了揭示香菱美好的气质,曹雪芹安排了她拜黛玉为师学诗,几近痴迷,梦中想的依旧是诗。一个从小不曾接触过诗的人,能挑灯苦读诗书,在如此短的时间内学会作诗,体现了香菱做事坚持不懈的毅力。几经失败,终于成功,写出了"精华欲掩料应难,影自娟娟魄自寒""博得嫦娥应借问,缘何不使永团圆"的精彩诗句,获得了众人的一致称赞,对此贾宝玉感慨:"这正是'地灵人杰',老天生人再不虚赋情性的。我们成日叹说:可惜她这么个人,竟俗了。谁知到底有今日。可见天地至公。"

香菱写出的精彩诗句,是《红楼梦》作者代笔,因为曹雪芹本身就是个杰出的诗人,这方面他的生前好友张宜泉及敦诚、敦敏曾有记载,如张宜泉《和曹雪芹西郊信步憩废寺原韵》:"君诗曾未等闲吟,破刹今游寄兴深。"敦敏《小诗代简寄曹雪芹》:"诗才忆曹植",以"才高八斗、学富五车"的建安文学代表人

物曹植类比曹雪芹的诗才。敦诚《寄怀曹雪芹（霑）》："爱君诗笔有奇气，直追昌谷破篱樊。"曹雪芹的诗敢于和清初诗坛主流派别王士祯倡导的"神韵"说以及后来袁枚主张的"性灵"说相抗衡，如李贺一样敢于冲破"篱樊"——复古主义和形式主义影响下的盛唐歌功颂德或脱离现实的咏山吟水诗。除此之外，敦诚在《四松堂集·鹪鹩庵笔麈》中还留下了一条极其宝贵的文献："余昔为白香山《琵琶行》传奇一折，诸君题跋，不下几十家。曹雪芹诗末云：'白傅诗灵应喜甚，定教蛮素鬼排场'。亦新奇可诵。曹平生为诗大类如此，竟坎坷以终。"曹雪芹当年究竟写下了多少诗词作品已不可考，今日所知道的也就是以上两个残句，他这方面的才能，也只能通过《红楼梦》本身去了解。

曹雪芹还借《红楼梦》中人物表达出自己的诗词创作主张：一、写诗"立意要紧"，他通过薛宝钗之口说："诗固然怕说熟话，更不可过于求生。只要头一件立意清新，自然措词就不俗了"，刚学诗的香菱就不懂其中的道理，认为："只要词句新奇"，就是好诗。林黛玉说："诗句究竟还是末事，第一立意要紧，若意趣真了，连词句不用修饰都是好的，这叫作'不以词害意'。"二、诗要"善翻古人之意"。古人有"述旧"和"编新"之争。所谓"述旧"，就是今日说的"继承"，而"编新"就是"创新"。《红楼梦》中"善翻古人之意"的诗句是很多的，如第六十四回林黛玉悲题《五美吟》，就是最能说明此意的好诗。《红楼梦》此回论诗中谈到这个问题时说："作诗不论何题，只要善翻古人之意。若要随人脚踪走去，纵使字句精工，已落第二义，究竟算不得好诗。

三、诗要"先度其格，然后定体。"文学作品的表现形式是由其内容、主题的需要而决定的，如第七十七回《姽嫿词》的表现形式，宝玉说："这个题目似不称近体，须得古体，或歌或行，长篇一首，方能恳切。"宝玉写的歌行体《姽嫿词》，得到众人一致的称赞。其中一人说道："我说他立意不同！每一题到手，必先度其体格宜与不宜，这便是老手妙法。就如裁衣一般，未下剪时，须度其身量。这题目，名曰《姽嫿词》，且既有了序，此必是长篇歌行方合体的。"这段评论，从"立意"谈到"度格""定体"，讲得入情入理，深入浅出，通俗易懂，可谓诗家里手的至评。同回曹雪芹借宝玉之口还说："诔文挽词也须另出己见，自放手眼，亦不可蹈袭前人的套头，填写几字搪塞耳目之文，亦必须洒泪泣血，一字一咽，一句一啼，宁使文不足悲有馀，万不可尚文藻而反失悲戚。"这段文字是《红楼梦》的"诗论"中最精彩、最深刻的内容。四、诗不要"为韵所缚"。第三十七回，薛宝钗说："我平生最不喜限韵的，分明有好诗，何苦为韵所缚？咱们别学那小家派，只出题不拘韵。原为大家偶得了好句取乐，并不为此而难人。"同回她还说："若题过于新巧，韵过于险，再不得有好诗，终是小家气。"林黛玉也如此主张，当香菱学诗谈到诗韵时，黛玉就说："什么难事，也值得去学！不过是起承转合，当中承转是两副对子，平声对仄声，虚的对实的，实的对虚的，若是果有了奇句，连平仄虚实不对都使得的。"所以林黛玉总能写出自然逼真、警拔的奇句，如第七十六回《凹晶馆联诗悲寂寞》，林黛玉以"冷月葬花魂"对史湘云的"寒塘渡鹤影"。

《红楼梦》是诗化的小说，通篇充满着诗意的光芒，"画意丹青冠今古，诗情文笔足千秋"。画家彭连熙准确地理解了香菱学诗的内涵，通过诗境品红楼，他努力表现曹雪芹的创作主旨，在香菱学诗的画作构思和表现技法上，追求高雅品质，使画面呈现出令人神往的诗情画意。

曲槛纤手绣芳

秋分

皇甫明公碑

一候·雷始收声
二候·蛰虫坯户
三候·水始涸

秋分系二十四节气中的第十六个节气，画家彭连熙设计鸳鸯在秋凉肃杀的时节绣春色，别有寓意。或许是因贾赦欲讨她做妾时言辞上还有威胁，这种恶劣的生存环境下，鸳鸯仍努力保持着乐观情绪。

鸳鸯父亲名金彩，兄长名金文翔，是贾母房里的买办，世代在贾家为奴，因是家生奴甚受信任。作为贾母的大丫鬟，她在贾府有很高的地位。鸳鸯志高行洁、聪明伶俐，但她也和大观园的众多女儿一样，同列"薄命司"。她是出生在贾府的一个"家生女儿"，故她从生下那一天起，命运就注定是贾府的奴隶。在那个社会里，这只金鸳鸯永远不可能飞出大观园，但由于她的周全妥帖，很"投主子的缘法"，成了贾母的得力助手。贾母离了她，连饭都吃不下，就是斗牌，也要由她洗牌、数钱，饮宴也需鸳鸯代行酒令。她在贾母和众人之间，起着调节的作用。鸳鸯办事比较公道，且爽快利落，因此博得了贾府上下的好感。邢夫人说她"心高智大"，王夫人说她"有志气"，所以她在主子眼里与众不同。她不像平儿、香菱常受主子"荼毒"之苦，也不像紫鹃常伴林黛玉流泪，更不像袭人常为贾宝玉的不能"上进"而汲汲于得失。贾琏和王熙凤也对她刮目相看，贾琏回房时看见鸳鸯在坐，便笑道："鸳鸯姐姐，今日贵步幸临贱地！"有次吃螃蟹，丫鬟单独一桌，王熙凤下来张罗，鸳鸯笑道："好没脸，吃我们的东西！"王熙凤笑道："你少和我作怪，你知道你琏二爷爱上你了，要和老太太讨了你做小老婆呢。"鸳鸯红了脸，拿起腥手要抹她的脸，王熙凤忙道："好姐姐，饶我这一遭儿吧。"这种开玩笑的方式，

简直超出了主仆常例，然而鸳鸯从不仗势欺人，她没有晴雯对小丫鬟的刻薄。司棋和表哥潘又安在花园幽会，被鸳鸯撞见，两个惊恐万分，一个逃走，一个卧病不起，鸳鸯得知后，"反过意不去"，亲自去探望司棋，并赌咒发誓不说出去，使得司棋感激涕零。

鸳鸯心地善良，性格开朗，洒脱乐观。"史太君两宴大观园，金鸳鸯三宣牙牌令"一回，描写鸳鸯和王熙凤商量捉弄刘姥姥，逗大家开心。刘姥姥大出洋相，贾母和众姊妹笑得前仰后合，不可开交。曹雪芹用笔很有分寸，写到刘姥姥善于逢场作戏，但被捉弄之后的心情很不自然，鸳鸯忙道歉："姥姥别恼，我给你老人家赔个不是。"这样为刘姥姥挽回了些面子。

鸳鸯这样一个洋溢着青春美的动人少女，还没有来得及开启人生情窦，灾难已降临到她的头上。贾赦姬妾成群，"左一个右一个的收在屋里"还不满足，又打上了鸳鸯的主意。自己不好出面，就让邢夫人出来说情，结果碰了一个大钉子。鸳鸯十分刚烈，宁为玉碎不求瓦全。"鸳鸯抗婚"的情节，历来为读者所激赏。开始邢夫人用一大堆所谓"尊贵""体面"等名誉地位和物质利益引诱鸳鸯但她毫不动心，这在邢夫人看来很奇怪："放着主子奶奶不做，倒愿意做丫头？"平儿考虑到鸳鸯是"家生女儿"，觉得要找父兄来要人就不好办，鸳鸯道："家生女儿怎么样？'牛不喝水强按头'？我不愿意，难道杀我的老子娘不成！"这时的鸳鸯就已想好了，明白摆在她面前的只有一条路："纵到了至急为难，我剪了头发做姑子去，不然，还有一死！"果然邢夫人又将她哥哥嫂子拉出来做工作，鸳鸯真气急了，大骂一场，骂哥嫂贪

图富贵，把妹子"往火坑里送"。贾赦知道鸳鸯不肯，也"恼起来"了，叫她哥哥说给她听："她必定嫌我老了，大约她恋着少爷们……若有此心，叫她早早歇了，我要她不来，以后谁敢收她！这是一件。第二件，想着老太太疼她，将来外头聘个正头夫妻去，叫她休想，凭她嫁到谁家，也难出我的手心，除非她死了，或者终身不嫁男人，我就伏了她！"贾赦已将鸳鸯逼到绝路上了。她横下一条心，拉着嫂子，跪在贾母面前，一面哭，一面说："大老爷说我恋着宝玉，不然，要等着往外聘，凭我到天上，这一辈子跳不出他手心，终究要报仇。我是横了心的，当着众人在这里，这一辈子，别说宝玉，就是'宝金''宝银''宝天王''宝皇帝'，横竖不嫁人就完了！就是老太太逼着我，一刀子抹死了，也不能从命！伏侍老太太归了西，我也不跟我老子娘哥哥去，或是寻死，或是剪了头发当姑子去！"说着，拿起时先带来的剪刀，一面说，一面打开头发就铰，众婆子丫鬟忙拉住时，头发已剪下半缕来了。鸳鸯这一哭诉，使贾母"气的浑身打战"，口内说道："我通共剩下这么一个可靠的人，他们还要来算计我！"由于贾母的庇护，鸳鸯暂时被保护下来。当然，贾母的气愤，并不是对儿子纳妾的否定，也不是真的替鸳鸯前途着想，而是舍不得丢掉这个得力的臂膀。这样，鸳鸯真的成了关在笼子里的金丝鸟，表面上看仍然活蹦乱跳，实际上潜伏着极大的悲哀，等待着她的正是"死亡"。随着贾母的寿终正寝，鸳鸯的人生历程也到了尽头。鸳鸯死时，主子们大加赞叹，邢夫人道："我不料鸳鸯倒有这样志气！"这样一个洁白无瑕的少女竟被那个社会所吞噬。

画家彭连熙对鸳鸯的刻画非常到位，曹雪芹在《红楼梦》中描写她"蜂腰削背，鸭蛋脸，乌油头发，高高的鼻子，两边腮上微微的几点雀斑""穿着水红绫子袄，青缎子坎肩儿，下面露着玉色绸袜，大红绣鞋，向那边低着头看针线，脖子上围着紫绸绢子"，简直就是一幅美人图，但用画面表现这个艺术形象，还不能仅仅满足于形似，应力求形神兼备。通过"秋分绣春色"的画面构思，彭连熙准确地画出了鸳鸯在险恶环境中乐观豁达的情绪。

寒露

欧陽詢行書千字文

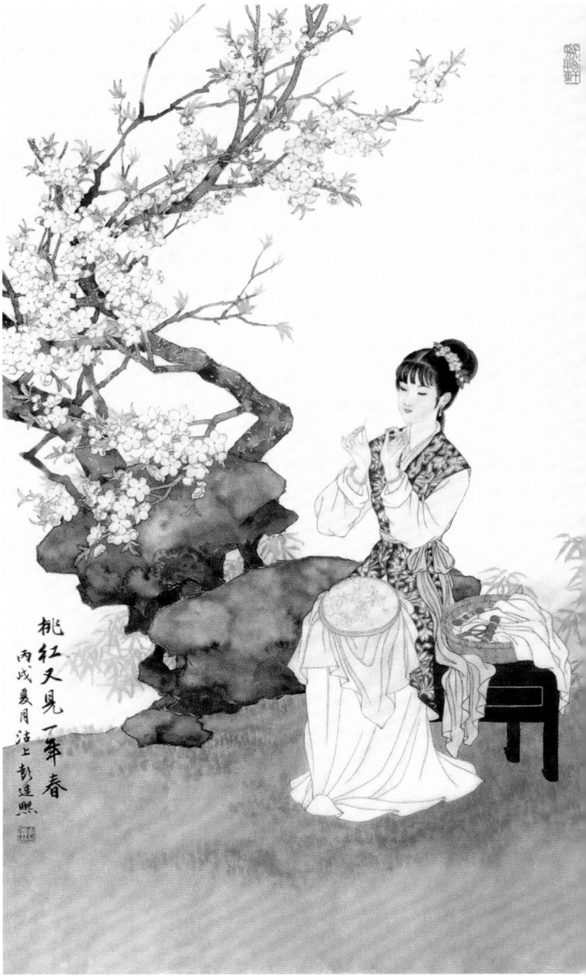

桃红又见一年春
丙戌夏月沽上彭连熙

寒露系二十四节气的第十七个节气，袭人本是怡红院待遇优厚的大丫鬟，画面却选取她在这个节令里"心烦"的情态，当有深意存焉。

　　袭人之名"花气袭人知昼暖"出自陆游诗《村居书喜》，原名花珍珠（程乙本作"蕊珠"），她善解人意，所谓"花解语"。袭人以"贤"著称，亦有些痴处，她先是侍奉贾母、史湘云几年，后被贾母赐给了贾宝玉，《红楼梦》第三回说她"服侍贾母时，心中眼中只有一个贾母，如今服侍宝玉，心中眼中又只有一个宝玉"。贾宝玉知她姓花，想起"花气袭人知昼暖"，遂给她改名袭人，贾府中人与她略亲厚的称她为袭人姑娘。

　　《红楼梦》中袭人的判词是：

　　　　枉自温柔和顺，空云似桂如兰。

　　　　堪羡优伶有福，谁知公子无缘。

　　与判词相匹配的图画是，一簇鲜花，一床破席。因"席"与"袭"谐音，所以图画中的鲜花指的就是袭人的姓。袭人之名"花气袭人知昼暖"出自陆游诗《村居书喜》。"席"还可引申为"枕席"，比喻男女关系，"破席"意为男女分开，暗示袭人结局是与贾宝玉的分开，"席"还可谐音"戏"字，通行本后四十回续书描写贾宝玉出家后，袭人有实无名，只得奉王夫人之命嫁给了戏子蒋玉菡。这样的情节，倒也不太违背判词对她的预设结局。不过脂砚斋评语曾指出，袭人出嫁是无奈的，临走时还留言"好

夕留下麝月"。脂砚斋评语还提到，袭人出嫁是在贾宝玉没出家时，她与丈夫蒋玉菡在贾家落难后，一起供奉贾宝玉、薛宝钗夫妻，所谓"花袭人有始有终"。

　　由于家庭出身的原因，袭人做奴婢必须看主子的眼色，她在复杂的成长环境中学会了小心谨慎、温顺谦恭。判词首句"枉自温柔和顺"，是指花袭人温柔和顺的性格。她伏侍贾宝玉细心周到，可以说恪尽了职责，但在《红楼梦》众多女性中，袭人却是备受非议的一位。很多读者认为她心机深重，甚至认为晴雯之死乃至大观园被查抄都与袭人有关，但其实袭人是很冤枉的，这从《红楼梦》第七十四回可以分析出。王善保家的给晴雯告状之前，贾宝玉的母亲王夫人并不认识晴雯，连这个丫鬟的名字都没听说过，她对晴雯的印象也不过是"正在那里骂小丫头。我的心里很看不上那狂样子"，如果真是袭人害了晴雯，王夫人不可能对晴雯一点印象也没有。不但如此，袭人有时还能站在同是底层的丫鬟们一边，为她们打抱不平，如第五十九回春燕挨母亲打，袭人说道："三日两头儿，打了干的打亲的，还是卖弄你女孩儿多？还是认真不知王法？"袭人对人和气、处事稳重，故曹雪芹在《红楼梦》的回目中赞其为"贤袭人"。袭人素来顾全大局，宁可自己吃些亏。李嬷嬷吃了宝玉留给她的酥酪，她担心因此而生事端，便以吃栗子为借口转移贾宝玉的注意力，将此事搪塞过去。而同样也是被李嬷嬷吃了贾宝玉留给晴雯的豆腐皮包子，晴雯便将事情一五一十地和贾宝玉讲了，导致其大怒，反而害的茜雪被撵出去。难怪脂砚斋评语会生出"晴卿不及袭卿远矣""（袭人）高

诸人百倍"的感慨。"袭为钗影、晴为黛影"，这种观点的最早提出者，也是脂砚斋。薛宝钗、林黛玉与袭人、晴雯之间的借影关系，对理解《红楼梦》的人物塑造有着重要的意义。

《红楼梦》第六十三回描写怡红院开夜宴，众女儿抽花名签，都象征各自的命运归宿。袭人抽的是桃花，题着"武陵别景"四个字，还有一句诗："桃红又是一年春。"此外还有这样的描写："杏花陪一杯。坐中同庚者陪一杯，同辰者陪一杯，同姓者陪一杯。"而大家算下来，香菱、晴雯、宝钗是同庚，黛玉是同辰，芳官是同姓，刚抽了杏花签的则是探春。黛玉、宝钗同列"金陵十二钗"正册首位，香菱列"金陵十二钗"副册首位，晴雯列"金陵十二钗"又副册首位，芳官的名与姓明显表明她为"余者"之代表。陪袭人一杯的众人结局都为悲剧，显示出袭人的花签也是一个"万艳陪悲"的特殊花签。

画家彭连熙紧紧围绕着《红楼梦》原著中袭人的肖像描写"细挑身材，容长脸面，穿着银红袄儿，青缎背心，白绫细折裙"，同时注重她内心感情的刻画，选取了她在寒露节令里心事重重的情境，这或许是因为贾宝玉性情乖僻，不听她的劝言，因此袭人心内忧郁，画面表达出她的辛酸和无奈，可谓形神兼备。

霜降

皇甫明公碑

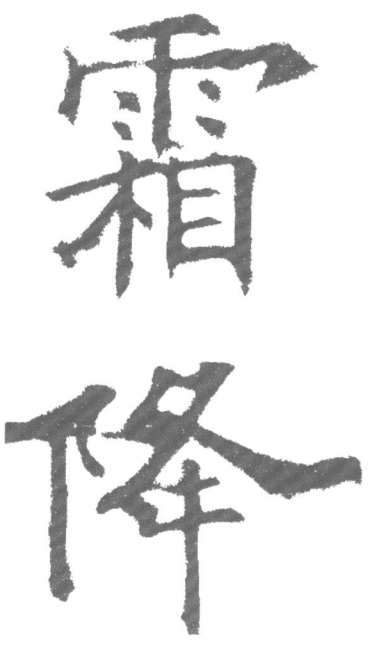

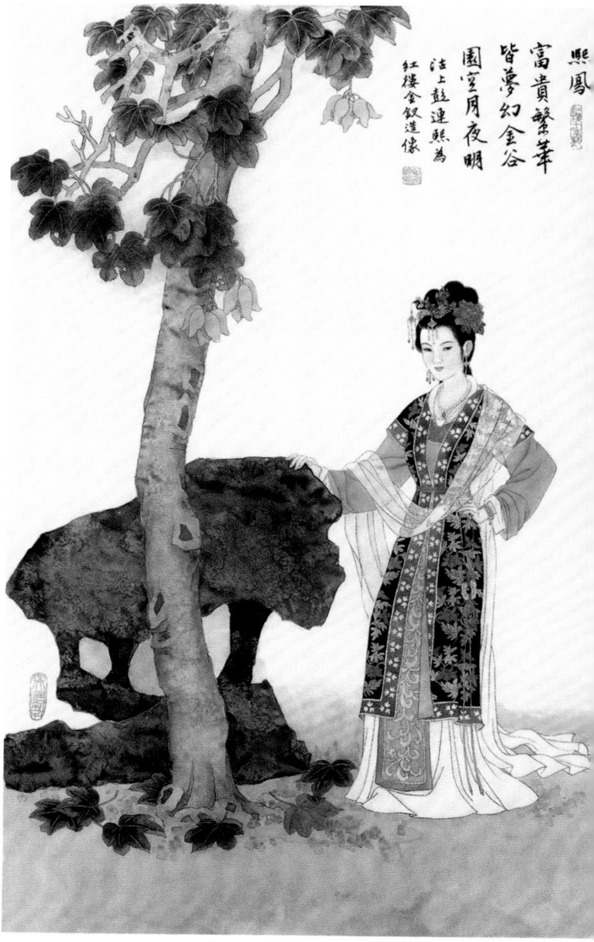
熙鳳
富貴繁華
皆夢幻金谷
園空月夜明
沽上彭連熙為
紅樓金釵造像

一候·豺乃祭兽

二候·草木黄落

三候·蛰虫咸俯

霜降系二十四节气的第十八个节气，也是秋季的最后一个节气。画面展现王熙凤在这个节令立于梧桐树前，暗扣"凤凰非梧桐不栖"之意，符合这个人物的身份。

王熙凤的判词是：

凡鸟偏从末世来，都知爱慕此生才。

一从二令三人木，哭向金陵事更衰。

"凡"与"鸟"合写为凤的繁体，即鳳字，首句点出王熙凤名字。据《世说新语》载，吕安访问嵇康时不在家，其兄请这位客人到屋里坐，吕安就是不进屋，还在门上写了一个"凤"字。嵇康之兄以为自己是神鸟，其实，吕安是嘲笑他是凡鸟，这里反用"凡鸟"说"凤"，判词最费解的是第三局即"一从二令三人木"，研究者说法不一，一般认为是贾琏开始顺从王熙凤，然后命令她，最后将她休弃。与判词相匹配的图画是一片冰山，上有一只雌凤，比喻贾府的势力不过是座冰山，太阳一出就要消融，因此王熙凤立在冰山上极其危险，《聪明累》曲对其命运和结局进行了具体补充：

机关算尽太聪明，反算了卿卿性命！生前心已碎，死后性空灵。家富人宁；终有个，家亡人散各奔腾。枉费了意悬悬半世心，好一似，荡悠悠三更梦。忽喇喇似大厦倾，昏惨惨似灯将尽。呀！一场欢喜忽悲辛。叹人世，终难定！

王熙凤是个性格丰富、血肉丰满、立体感很强的艺术典型。

首先，她的口才是贾府首屈一指的，周瑞家的曾说过："要赌口齿，十个会说话的男人也说她不过。"李纨也说过："真真我们二婶子的诙谐是好的。"袭人则说过："真真的二奶奶的这张嘴怕死人。"她走到哪里，哪里就有一种轻松欢快的气氛。读者不会忘记她初次出场的精彩表演，随着一声"我来迟了"的笑语声，她以独特的"粉面含春威不露，丹唇未启笑先闻"的风姿出现。她先是笑着赞美林黛玉"标致"，顺便就恭维了贾母；接着又为林黛玉幼年丧母伤心拭泪，以此讨取贾母的欢心；等到贾母责备她不该说这些伤心话来招她时，她又"忙转悲为喜"，自责"竟忘记了老祖宗，该打，该打"！她一到贾母就笑，整个气氛马上变得轻松活跃，这不能不归功于她那比演员还要出色的表演能力。

王熙凤的口才和诙谐在贾母跟前表现得特别充分，这是她讨取"老祖宗"欢心的一件"常规武器"。无论是晨昏定省，还是饮食起居，或是家常闲叙，只要有她在场，总少不了引逗得贾母畅怀大笑。贾母要为薛宝钗做生日，自己出资二十两，唤王熙凤去置办酒戏，她乘机凑趣笑道：

一个老祖宗给孩子们作生日，不拘怎样，谁还敢争，又办什么酒戏。既高兴要热闹，就说不得自己花上几两。巴巴的找出这霉烂的二十两银子来作东道，这意思还叫我赔上。果然拿不出来也罢了，金的、银的、圆的、扁的、压塌了箱子底，只是勒掯我们。举眼看看，谁不是儿女？难道将来只有宝兄弟顶了你老人家上五台山不成？那些梯己只留于他，我们如今虽不配使，也别苦了我们。这个够酒的？够戏的？

说得满屋里都笑起来。贾母亦笑道："你们听听这嘴！我也算会说的，怎么说不过这猴儿。你婆婆也不敢强嘴，你和我喷喷的。"王熙凤笑道："我婆婆也是一样的疼宝玉，我也没处去诉冤，倒说我强嘴。"说着，又引着贾母笑了一回。

这里，王熙凤的口才和诙谐正是同贾母的欢笑与喜悦紧密联系在一起，顽笑取乐对贾母这样身份的人来说，代表了她生活的全部价值和意义，因此在她的心目中，王熙凤才成为任何人不能替代的人。不只是贾母，在姊妹和夫妻间，王熙凤也是谈笑风生、妙语连珠，使对方应接不来。聪明如林黛玉，口才在诸姊妹中算是个尖儿，但遇上王熙凤也只能甘拜下风。一次王熙凤送了茶叶给林黛玉，尝着很好，便要再送些给她，并说"明儿还有一件事求你，一同打发人送来"，林黛玉听了先进攻说："你们听听，这是吃了他们家一点子茶叶，就来使唤人了。"王熙凤笑道："倒求你，你倒说这些闲话，吃茶吃水的。你既吃了我们家的茶，怎么还不给我们家作媳妇？"众人听了一齐都笑起来。在王熙凤的凌厉攻势下，林黛玉只有招架之功，并无还手之力，最后只得一走了之。

与口齿伶俐相关的，再有就是王熙凤争强好胜的女强人性格。贾政和王夫人将总管家务之事交与贾琏、王熙凤夫妇。因贾琏无能，夫人就成了贾府的实际当权者，这在协理宁国府中表现得最充分。秦可卿死后，正巧尤氏偏又病倒，贾珍愁府里无人照管，央求王夫人让王熙凤过来帮忙料一个月。她一走马上任就发现了宁国府的问题所在：头一件是人口混杂，遗失东西；第二件，事无专执，临期推委；第三件，需用过费，滥支冒领；第四件，

任无大小，苦乐不均；第五件，家人豪纵，有脸者不服钤束，无脸者不能上进。

王熙凤抓住了问题的症结所在，可见她在治家方面的识见。重要的还不在于她看问题的水平，而在于她的实际管理能力。王熙凤是个实干家。根据情况，她分派好每人的岗位职责：

这二十个分作两班，一班十个，每日在里头单管人客来往倒茶，别的事不用他们管。这二十个也分作两班，每日单管本家亲戚茶饭，别的事也不用他们管。这四十个人也分作两班，单在灵前上香添油，挂幔守灵，供饭供茶，随起举哀，别的事也不与他们相干。这四个人单在内茶房收管杯碟茶器，若少一件，便叫他四个描赔。这四个人单管酒饭器皿，少一件，也是他四个描赔。这八个单管监收祭礼。这八个单管各处灯油、蜡烛、纸札，我总支了来，交与你八个，然后按我的定数再往各处去分派。这三十个每日轮流各处上夜，照管门户，监察火烛，打扫地方。这下剩的按着房屋分开，某人守某处，某处所有桌椅古董起，至于痰盒掸帚，一草一苗，或丢或坏，就和守这处的人算账描赔。来升家的每日揽总查看，或有偷懒的，赌钱吃酒的，打架拌嘴的，立刻来回我。你有徇情，经我查出，三四辈子的老脸就顾不成了。如今都有定规，以后那一行乱了，只和那一行说话。

由于职责清楚，分工明确，众人"不似先时只拣便宜的做，剩下的苦差没个招揽。各房中也不能趁乱失迷东西。便是人来客往，也都安静了，不比先前一个正摆茶，又去端饭，正陪举哀，又顾接客。如这些无头绪、荒乱、推托、偷闲、窃取等弊，次日

一概都蠲了",可见王熙凤不愧为治家有方的能人,经过她的管理,宁国府被整顿得井井有条。

然而王熙凤抓权的同时又抓钱,生活的全部目的,就是攫取权力和金钱。她不择手段,不仅竭尽奉承迎合、拍上压下之能事,而且"从来不信什么是阴司地狱报应的,凭是什么事,我说要行就行"。为满足无止境的贪欲,克扣丫鬟的月银去放高利贷,还接受巨额贿赂。攫取权力除了满足一种欲望,更重要的是为了谋取私利。利用权势来谋取金银,可以说是王熙凤的拿手好戏。她弄权铁槛寺,就是以权谋私的显例。当时王熙凤为秦氏送灵至水月庵,老尼净虚趁机营谋说事,将一桩婚姻诉讼求托于她:张姓财主有个女儿名金哥,先已受聘原任长安守备的公子,后又被长安府府太爷的小舅子李衙内看中,张家意欲退亲,守备家偏不许,就打官司告状起来。那张家急了,只得着人上京来寻门路。老尼因想到如今长安节度云老爷与贾府最契,因此便求托王熙凤"打发一封书去,求云老爷和那守备说一声,不怕那守备不依。若是肯行,张家连倾家孝顺也都情愿"。王熙凤为显示自己的手段,便命来旺儿进城找着主文的相公,假托贾琏所嘱,修书一封。谁知张金哥是个知义多情的女儿,闻得父母退了前夫,便一条麻绳悄悄地自缢。那守备之子也是个极多情的,闻得金哥自缢,便投河而死。就这样,一纸书信活活拆散和逼死了一对未婚夫妻,王熙凤却坐享了三千两贿赂银子。

王熙凤由于谋害人命和贪财,给家族带来了灾祸。她平时对下人苛刻,一旦力诎失势,众人便作践起她来。一个小丫头竟敢当着她的面说出这样的话:"二奶奶在这里呢,怪不得大太太说,

里头人多照应不过来，二奶奶是躲着受用去了。"几句话说得她眼泪直流，只觉得眼前一黑，嗓子里一甜，便喷出鲜红的血来，身子站不住，昏晕了过去。王熙凤可谓聪明过人，机关算尽，但谁能想到，像她这样一个霸王似的人，最终也落了个家亡人散、身败名裂的可悲结局。她是埋葬在被她自己蛀空和推倒的大厦的瓦砾里，"机关算尽太聪明，反算了卿卿性命"，历史的辩证法就是这样严酷无情，聪明反为聪明误，一切以损人开始的人，最终以害己而告终。关于王熙凤的结局，根据脂砚斋评语透露的线索，贾府事败抄没后，她曾一度被捕下狱，后来有狱神庙一大回文字。以后"身微运蹇"，以至执帚"扫雪"，终至于被贾琏休弃，"短命"而死。

说到王熙凤这个人物，读者便会想起奴仆兴儿对尤二姐说的话，形容她是"嘴甜心苦，两面三刀；上头一脸笑，脚下使绊子；明是一盆火，暗是一把刀"，但这个人物不是用两句话就可以概括的类型化人物，评价王熙凤，还不能简单用"坏人"或"好人"贴标签。若说她是"坏人"，针对宁国府弊病的对症下药、治家有方，就连痛恨她的人也心悦诚服。描写王熙凤的治家理财，是为闺阁立传的重要方面，曹雪芹曾感慨"金紫万千谁治国，裙钗一二可齐家"，《红楼梦》开篇云："闺阁中本自历历有人，万不可因我之不肖，自护己短，一并使其泯灭也"；若说王熙凤是"好人"，其谄上欺下、贪婪狠毒的性格，对尤二姐使的借刀杀人计，无论如何也不会被任何时代的社会公德所认同；但在对此人的负面评论中，潜藏的传统文化心理却不应忽视，譬如对女性的逞威弄权、杀伐决断，长期以来不被男权社会所容纳，这与性别歧视

有关。按照马斯洛的需求层次理论，人类与生俱来有自我实现的需求，然而在"女子无才便是德"的时代，大多数女性潜能未被释放。《红楼梦》不只一次写到王熙凤的"敛财"，对此负面评论颇多，这又与商品经济不发达时代的旧理念"安贫乐道""为富不仁"相关。其实问题不在于"敛财"本身，而在于"敛财"方式。俗话说："君子爱财，取之有道"，同样是"敛财"，贾探春心地阔朗、志存高远，她对大观园实行的接近现代管理模式的承包制，让管理者各司其职，就比王熙凤把丫鬟们的月钱拿出来放债生息要光明正大。所谓"好人"或"坏人"的概念，本属于道德评价，局限于这个层面去评论文学作品的人物，势必导致概念化，王熙凤是"圆形""立体"而非"扁平"人物，这个艺术形象增加了读者多元解读的可能性，难怪红学前辈王昆仑用"恨凤姐，骂凤姐，不见凤姐想凤姐"来评论。

画家彭连熙独具匠心，刻画出王熙凤这位女中豪杰的复杂个性。背景空间巧妙搭配，画面中的她一手轻扶嶙峋怪石，一手叉腰，身体重心微向后倾，似做支撑状。恰是这一细致入微的描绘，使这位"机关算尽"后的劳乏之态又不肯人前服输的女强人，活脱跃然纸上。飘落的几片梧叶，既寓凤栖梧桐，又象征她浮华过后如寒秋落叶一样凄惨的命运。

妙玉

仙塵佛袖間
睡盡煙茶清
畫夢已驚
沽上運熙為紅樓金釵造像

立冬

元次山碑

一候·水始冰

二候·地始冻

三候·雉入大水为蜃

立冬系二十四节气的第十九个节气，画面选择妙玉在这个时节梦中逃禅，大体契合她在《红楼梦》中的描述。

　　妙玉祖上系读书仕宦之家，她自小多病，买过许多替身儿皆不中用，后入空门，在玄墓蟠香寺出家为尼。贾府建造大观园预备元春省亲，王夫人被妙玉的佛学修为所折服，下帖请她进贾府并入住栊翠庵。她在贾母、王夫人面前不卑不亢，在大观园带发修行的日子里，与贾宝玉、林黛玉、薛宝钗、史湘云等结下友谊。她天赋聪慧、多才多艺，琴棋书画俱佳。中秋之夜，写诗最好的史湘云、林黛玉在凹晶馆联诗，当联出"寒塘渡鹤影，冷月葬花魂"的警句不知如何往下接时，妙玉请她们到栊翠庵中，提笔续足全诗，其"钟鸣栊翠寺，鸡唱稻香村"等句透出晨光熹微、朝气蓬勃之象。她续写的中秋诗，连史湘云、林黛玉都称赞："可见我们天天是舍近求远，现有这样诗人在此，却天天去纸上谈兵。"她对栊翠庵花木的打理得到了贾母的肯定，这些描写展现了一个美丽聪明的才女形象，因此得到了"气质美如兰，才华馥比仙"的赞誉。栊翠庵的相关情节还刻画出妙玉茶艺的精湛，表明曹雪芹有着深厚的茶道修养。栊翠庵品茶，妙玉待客殷勤，表现出一位茶道高人应有的礼仪修养。她与贾母问答之间，含有"斗茶"比拼之意：一斗茶品，贾母出题说不吃六安茶，妙玉预先献上了老君眉；二斗选水，贾母出题问是什么水，妙玉预先选了旧年蠲的雨水。这两个回合，妙玉都想在贾母前头。茶人以雪水烹茗为雅事，如宝玉《冬夜即事》："却喜侍儿知试茗，扫将新雪及时烹。"他用新雪烹茶，妙玉则收取梅花雪水贮藏五年，品味更高。

历史上还有陆羽在竟陵龙盖寺研习茶学茶艺，亲聆诗僧皎然传授，写成《茶经》。灵隐寺韬光禅师与白居易、宝云山僧怡然与苏东坡等亦有深交，僧尼为茶学、茶道的发展做出了贡献。

妙玉身为佛家弟子却称赞"文是庄子的好"，其性格带有道家文化色彩。古诗"纵有千年铁门槛，终须一个土馒头"，意为人生无常。妙玉自号"槛外人"，但并未忘却红尘，她送贾宝玉梅花并赠生日帖。妙玉与惜春下棋时，见贾宝玉在旁观看，情不自禁面红耳赤，并借故邀其同行，这些表明妙玉其实尘缘未了，诚如曹雪芹给她的判词"云空未必空"。因对贾宝玉暗生情愫，妙玉心甘情愿用自己日常吃茶的绿玉斗为他斟茶，但刘姥姥喝茶用过的成窑小盖钟，却嫌脏不要了。庚辰本第七十七回脂砚斋对此有评"盖妙玉虽以清静无为自守，而怪洁之癖未免有过，老妪只污得一杯，见而勿用。妙玉真清洁高雅，然亦怪谲孤僻甚矣。实有此等人物，但罕耳"。妙玉的洁癖肯定不会被世俗一般人所理解，后世"厌妙玉为人"者仍大有人在。她的悲剧既有社会原因，也是自己的性格使然，所谓"性格就是命运"。

妙玉有洁癖，遗憾的是最终她自己却被"脏"了，《世难容》曲对妙玉的结局有所交待："气质美如兰，才华馥比仙。天生成孤癖人皆罕。你道是啖肉食腥膻，视绮罗俗厌；却不知太高人愈妒，过洁世同嫌。可叹这，青灯古殿人将老；辜负了，红粉朱楼春色阑。到头来，依旧是风尘肮脏违心愿。好一似，无瑕白玉遭泥陷；又何须，王孙公子叹无缘！"与判词"可怜金玉质，终陷淖泥中"及相配的图画"一块美玉，落在泥污之中"相互阐发。清代李鉴

堂《俗语考原》曰："肮脏，俗谓不洁者曰肮脏"，风尘肮脏即扰攘尘世里的污浊之处。通行本后四十回续书写贾宝玉失玉、邢岫烟请妙玉扶乩，有"青埂峰下倚古松"语。贾府抄家后贾母病危，妙玉前来探望。贾母出殡当晚，妙玉出园，到惜春房里坐谈、下棋，被入室打劫的贼寇盯上。次日夜间，妙玉被贼寇劫去下海，大体符合判词和曲子对她结局的预设。妙玉的悲剧寄托了曹雪芹的一腔愤懑，期望能对这种偏执性格的人予以宽容。

《红楼梦》中有对栊翠庵周围风景的描写："顺着山脚刚转过去，已闻得一股寒香拂鼻。回头一看，恰是妙玉门前栊翠庵中有十数株红梅如胭脂一般，映着雪色，分外显得精神，好不有趣！""原来这枝梅花只有二尺来高，旁有一横枝纵横而出，约有五六尺长，其间小枝分歧，或如蟠螭，或如僵蚓，或孤削如笔，或密聚如林，花吐胭脂，香欺兰蕙，各各称赏"，这实际是借环境侧面烘托人物。还有对妙玉肖像的直接描写："头带妙常髻，身上穿一件月白素绸袄儿，外罩一件水田青缎镶边长背心，拴着秋香色的丝绦，腰下系一条淡墨画的白绫裙，手执麈尾念珠。跟着一个侍儿，飘飘拽拽的走来"。画家彭连熙在理解栊翠庵环境与塑造妙玉关系的基础上，又让她融入荷香世界，面对洁净莲花，心中波澜起伏，并与她后来"风尘肮脏违心愿"的结局形成视觉反差。"逃禅"只能是梦想，"欲洁何曾洁"靠视觉隐喻构思出的灵虚幻境，可以唤醒观者的无限联想。含蓄、朦胧意境的营造，正是凭借画家高度的艺术修养和技法功底而实现。

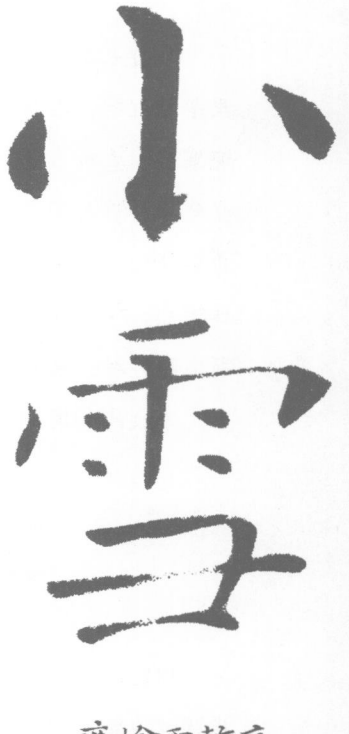

李纨

寒塘坐画千
金夜稻香村
裹梦最衰

丙戌年夏沽上
赵建熙为红楼
金钗进像

小雪

鸬塙聖教序

一候·虹藏不见
二候·天气上升地气下降
三候·闭塞而成冬

小雪系二十四节气的第二十个节气，画面中李纨在这个节令里手拈红叶，准确地诠释出《红楼梦》花名签上隐喻的这位"霜晓寒姿"式的人物形象。李纨字宫裁，她是金陵名宦之女，父名李守中，曾为国子监祭酒。作为荣国府长孙贾珠之妻，她的性情贞静淡泊，处事明达又超然物外。她和丈夫育有一子贾兰，然贾珠夭亡，李纨在青春守寡中心如"槁木死灰"，她在大观园的住所名稻香村，农家居住环境符合其清心寡欲的性情。

李纨的判词是：

桃李春风结子完，到头谁似一盆兰。
如冰水好空相妒，枉与他人作笑谈。

相匹配的图画是一盆茂兰旁有位凤冠霞帔的美人，"茂兰"指贾兰中举，"凤冠""霞帔"均为朝廷赐予，画面表示贾兰做高官后其母成为诰命夫人。判词首句系用同音字点出李纨的姓名，比喻她生下贾兰后守寡，如桃李花结果实后，春色即告完结。第二句的兰和画中的茂兰皆指贾兰。第三句的"如冰水好"源自《淮南子·俶真训》："夫水向冬则凝而为冰，冰迎春则泮而为水，冰水移易于前后，若周员面趋，孰暇知其所苦乐乎？"唐代诗僧寒山《无题》诗亦提及："欲识生死譬，且将冰水比。水结即成冰，冰消返成水。已死必应生，出生还复死。冰水不相伤，生死还双美。"比喻生与死之间紧密相依，李纨晚年虽诰命加身，也不过得了个虚名，成了人们的笑谈。《晚韶华》曲对李纨的遭际有具体描述：

镜里恩情，更那堪梦里功名！那美韶华去之何迅！再休提绣帐鸳衾。

只这戴珠冠，披凤袄，也抵不了无常性命。虽说是，人生莫受老来贫，也须要阴骘积儿孙。气昂昂头戴簪缨，光灿灿胸悬金印，威赫赫爵禄高登，昏惨惨黄泉路近！问古来将相可还存？也只是虚名儿与后人钦敬。

　　李纨一出场就是寡妇身份，她和儿子贾兰在大观园里的处境是非常边缘化的。贾母说她可怜，但也不过是保证她该有的尊严与利益，并非是对她发自内心的关心爱护。贾政、王夫人夫妻更不会关心这个儿媳。贾珠死后，李纨全身心投入到对儿子的培养上，不仅督促贾兰读圣贤书，还安排他习武，如第二十六回，贾宝玉在大观园里闲逛时，山坡上两只小鹿惊慌失措地跑来，只见贾兰在后面拿着一张小弓追着，他见贾宝玉在面前，就站住打招呼。贾宝玉问为何射小鹿？贾兰回答说是演习骑射，这个情节说明李纨望子成龙心切，她对儿子的培养是全方位的，希望他能文能武。在《红楼梦》中的许多重要事件中，李纨都在场，然而她只能充当"敲边鼓"的角色，也许这更符合其身份地位和思想性格。李纨与世无争，从不卷入矛盾斗争的旋涡。她被束缚了个性，不得不在礼法的夹缝中生存。

　　不过李纨性格中也有另一面，一旦她走在相对纯净的女儿国里，便增添了前所未有的活力。进入大观园后，精神面貌更是焕然一新。春天还没有过完，她就提议办诗社，这说明李纨的内心并非真的"心如古井"，而是涌动着波涛，充满着对美好生活的渴望。但她是谨慎的，没有直接去操作她的创意。直到探春捡起李纨的构想，发出帖子邀集众人创办诗社。李纨并不与探春争功，一听到消息，立刻赶到探春那儿，称赞探春"雅的很"，并采取

一系列行动支持诗社，自荐为掌坛人，还拿出住所稻香村作为社址，并肯定林黛玉要大家起个别号的建议，第一个为自己起了别号"稻香老农"，最后邀王熙凤做监社御史，以便解决经费问题，因为李纨清楚，没有钱什么好创意也无法实现。自从诗社建立后，李纨完全变了个人，经常可以看见她的笑容，她既写诗又评诗，非常活跃。曹雪芹通过诗社，写出李纨的才情，让我们看到她平日的无好无为，是不得不为，是在礼教压迫下的牺牲。"春色满园关不住"，李纨就是关不住的红杏，杏的色与形的热烈奔放正是其内心感情的外放。李纨对自然美的审度能力之高令人赞叹，大观园诗社的第一次诗会是在她的提议下以白海棠为题咏对象的，她虽没有题咏，但对花的美是敏感而有欣赏力的。《红楼梦》正是通过这样的描写，展现李纨也是个有血有肉、感情丰富的人。

通行本后四十回续书中写贾兰中举，贾府"兰桂齐芳"，李纨似有后福，这与《晚韶华》曲中所描述的"气昂昂头戴簪缨，光灿灿胸悬金印；威赫赫爵禄高登"相符，但同时"昏惨惨黄泉路近"也点出其享福时间并不长久。像李纨这样的人，在封建社会完全有资格受表旌、立牌坊、编入"列女传"，但曹雪芹却将她列入了太虚幻境的"薄命司"册子，这是对儒家传统观念的大胆挑战。

画家彭连熙舍弃李纨课子的常见套路，画面中将老树红叶与地面白雪交融，奏响了寒冬的交响乐。李纨衣着朴素，端庄恬淡，然难掩其寂寞凄凉情态，她执卷若有所思所忆。她如深巷中一泓无波的古井，亦如暮霭里一声悠扬的晚钟，沉静、从容，却也有种沧桑感。

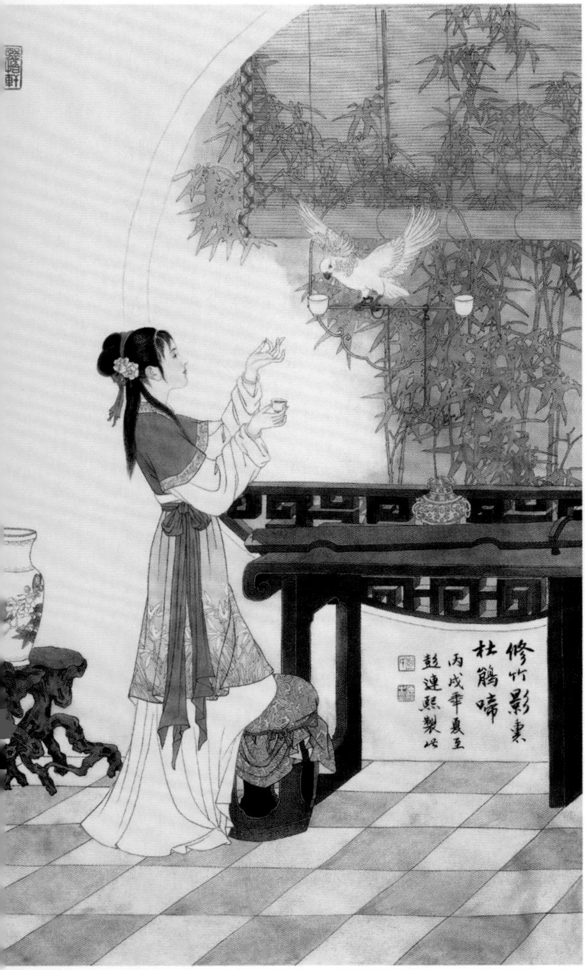
修竹影裏
杜鵑啼
丙戌季夏至
彭連熙製此

大雪

伊闕佛龕碑

一候·鶡鴠不鸣

二候·虎始交

三候·荔挺出

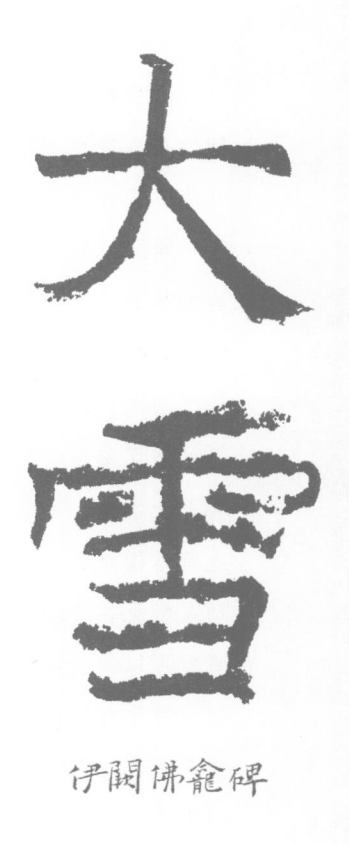

大雪系二十四节气的第二十一个节气，紫鹃是林黛玉的丫鬟，随女主人住潇湘馆。画中紫鹃在这个时节对着翠竹戏鹦哥，鸟语花香，设计得颇有情趣。

　　紫鹃开始出场是在《红楼梦》的第三回，林黛玉辞父离家投奔到贾府，"只带了两个人来：一个是自己的奶娘王嬷嬷，一个是十岁的小丫头，名唤雪雁。贾母见雪雁甚小，一团孩气，王嬷嬷又极老，料黛玉皆不遂心，将自己身边一个二等小丫头名唤鹦哥的与了黛玉。"鹦哥就是后来改名的紫鹃，她在《红楼梦》中并非女主角，可以说几乎没有独立的故事，即使涉及她的情节，也都是围绕林黛玉展开。曹雪芹并没有对紫鹃进行集中的描绘，而是散见在各回中。将各回中那些涉及紫鹃的情节串联起来，读者就可以得出印象：温柔体贴、善良聪慧。紫鹃是在林黛玉进入贾府后才与她认识，按理说应不会比女主人从家里带来的丫鬟雪雁更亲密，但由于紫鹃的整颗心都放在了林黛玉的身上，后来她与女主人的感情反而超过了雪雁。紫鹃是个善解人意的丫鬟，有颗倾心助人、乐于奉献的心。无论是平时的饮食起居，还是心灵上的安慰，紫鹃都给予林黛玉无微不至的关怀与呵护。她知道林黛玉自小身体单薄娇弱，因此日常的照顾格外细心，如《红楼梦》第八回写林黛玉到梨香院探视薛宝钗，走了没多久，紫鹃担心林黛玉纤弱多病的身体抵挡不住风雪严寒，马上打发雪雁送去取暖的手炉，她对林黛玉细致、周到的体贴可见一斑。后来的情节中，还可以看到这样的细节：当林黛玉久久伫立于花荫之下向怡红院张望时，看见贾母、王夫人等去探望卧床的贾宝玉，联系到自己

的身世，想到有父母的好处便泪流满面，还是紫鹃将林黛玉从悲伤中唤了出来："姑娘吃药去罢，开水又冷了。"此外，中秋之夜林黛玉和史湘云在凹晶馆联诗深夜未归，紫鹃又满园寻找。从《红楼梦》中读者可以发现，林黛玉情绪的细微变化，紫鹃一一看在眼里、急在心里，如第六十七回，林黛玉收下了薛蟠从江南带来的通过薛宝钗送给的礼物，其中有家乡苏州虎丘的"自行人"，她由睹物而思乡，由思乡而伤己："想起父母双亡，又无兄弟，寄居亲戚家中，那里有人也给我带些土物来？不觉又伤起心来。"紫鹃"深知黛玉心肠，但也不敢说破"，就做了一番劝慰开导，让林黛玉不要伤心。紫鹃的真情流露，使林黛玉在冷冰冰的贾府中得到了一丝温暖，同时也增进了主仆二人的情谊，使得林黛玉离不开她。

　　紫鹃不仅在生活上对林黛玉体贴细心，精神上更是林黛玉的忠实支持者。在大观园里，只有她真正理解宝黛之间的爱情，这也是林黛玉引紫鹃为知己的重要原因。紫鹃主动为宝黛的爱情献策出力，出于对林黛玉的一片至诚，"慧紫鹃"上演了"情辞试莽玉"一幕。贾宝玉去潇湘馆探望林黛玉，和紫鹃在回廊上说话，她乘机说道："姑娘常吩咐我们，不叫和你说笑，你近来瞧她，远着你恐还不及呢！说着，便携了针线进别的房里去了。" 当紫鹃看到贾宝玉呆坐在沁芳亭后落泪时，紫鹃知其已动真情，又杜撰出林妹妹要回苏州的言辞来进行试探。贾宝玉先是不信，紫鹃便冷笑道："你太看小了人……我们姑娘来时，原是老太太心疼他年小，虽有叔伯，不如亲父母，故此接来住几年。大了该出

阁时，自然要送还林家的……，所以早则明年春，迟则秋天，这里纵不送去，林家必有人来接的了。"贾宝玉听到林黛玉归期已定，似与心上人生死永诀，"便如头顶上响了一个焦雷一般"，一身发热，满脸紫涨，眼珠发呆，指甲掐在人中上也没有知觉。这一试，在荣国府掀起了一场轩然大波。贾母的愤怒责骂，像冰雹一样砸在紫鹃头上，而她却毫无怨言，因为试出了贾宝玉对林黛玉生死不渝的爱情，她为宝黛爱情的坚贞而欣慰。紫鹃在"试玉"中看到了贾宝玉的实心，而读者也在"试玉"中见识了紫鹃的聪明勇敢和侠骨柔肠。"试玉"的成功，使紫鹃对宝黛爱情的未来充满了憧憬和信心。她热烈地期盼这对有情人终成眷属，并抓住一切时机，为促成这一婚姻成功而努力。"试玉"后不久，薛姨妈到潇湘馆做客，谈到婚姻大事时，薛姨妈对女儿薛宝钗说："我想你宝兄弟，老太太那样疼他，他又生得那样，若要外头说去，老太太断不中意，不如把你林妹妹给了他，岂不四角俱全？"在紫鹃看来，这是不可错过的良机，于是跑过来道："姨太太既然有这个主意，为什么不和老太太说去？"主子谈话，奴婢一般是不能插嘴的，但一心为林黛玉着急的紫鹃顾不得这些，便鼓动薛姨妈去撮合宝黛的婚事。当然薛姨妈心中早就装着"金玉良缘"，所谓的"四角俱全"，不过是说给黛玉的门面话，因此希望她去促成宝黛的婚事是不可能实现的，但读者不会忘记紫鹃这位聪慧的"红娘"。她为林黛玉做的点点滴滴，使得二人早已超越了主仆关系，紫鹃从内心深处也并未将自己看成是奴婢，而是将林黛玉视为知己，因而在女主人前没有奴性。她和林黛玉情同

姐妹，名为主仆，实则"闺密"，是一对真正的知心姐妹。通行本后四十回虽是续书，但在设计紫鹃与林黛玉的情节上颇可取。第九十七回林黛玉道出了心中一直视紫鹃为亲妹妹的真挚感情："妹妹，你是我知心的，虽是老太太派你伏侍我这几年，我拿你就当我的亲妹妹。"林黛玉临死前还将自己的后事托付给了紫鹃，这并非因为女主人弥留之际只有紫鹃守护在旁，而是林黛玉发自内心对紫鹃的信任。

早期的脂砚斋评语中没有紫鹃结局的明显提示，通行本后四十回续书中描写她在林黛玉死后，被派到贾宝玉屋里做丫鬟，后同惜春出家。曹雪芹赋予"慧紫鹃"这个名字，当有深刻含义。紫色代表高贵典雅，象征了紫鹃的品性。紫鹃即子鹃，也是杜鹃。杜鹃作为鸟类，是一个悲的意象，白居易《琵琶行》中云"其间旦暮闻何物，杜鹃啼血猿哀鸣"，杜鹃啼血的故事以其凄苦哀婉，经常被引用，借以表达愁苦和坚贞。这个故事相传是周末蜀王杜宇死去后，其魂化为杜鹃鸟，日夜悲啼，泪尽继之于血。《华阳国志》载："望帝禅位于开明，升西山而隐焉。时适二月，子鹃鸟鸣，故蜀人悲子鹃鸣也。"《红楼梦》中花鸟同名的只有紫鹃一人，据人物命名可以做推测，紫鹃名字寓意很可能是泪尽啼血而亡。因为林黛玉死后，紫鹃所支持的真爱幻灭了，同时她也看透了这个没落的社会一切美好的东西都是要遭毁灭的，正如红学家王昆仑所分析的："虽然她没有亲身经历这样的摧折，但她饱看了别人的痛苦而深刻体会到一切不能自己掌握命运的人，必然得到悲剧的结局，于是对人世生活绝了希望。"

《红楼梦》中只有一回正面写到紫鹃的肖像，她在回廊上做针线活儿，穿着"弹墨绫薄绵袄，青缎夹背心"，这符合她淡雅的气质和纯洁善良的心灵。画家彭连熙选取翠竹清幽风景中紫鹃与鹦哥对话的情境，刻画了她的精神世界。在万紫千红的大观园中，紫鹃宛如一朵清新的小花，平凡却质朴可爱。紫鹃以自己的品格成为大观园众丫鬟中的一道独特"风景线"。

故烧银烛照红妆连额

冬至

道国法师碑

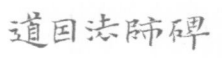

一候·蚯蚓结
二候·麋角解
三候·水泉动

冬至系二十四节气的第二十二个节气，这样一个节令与亲人抱团取暖才有家庭气氛。然而，尤二姐因是贾琏在国孝、家孝中"偷娶"的，也只能空房独坐，其思夫之情、孤寂之感，溢于言表。

尤二姐本来不姓尤，是随继父的姓，她是贾珍继室尤氏的异父异母妹，因贾敬丧事进入宁国府。她模样标致，温柔和顺，但对于终身大事，几乎没有原则，只要男方能供养她就可以。贾琏因惧怕王熙凤的淫威，只能偷娶，不过是将她做个外室。其实对于贾府的情形，她也应听说了很多。可是没放在心上。做个无名无份、偷鸡摸狗的外室，她却甘之如饴。贾琏将她安置在荣国府外的花枝巷，很快被王熙凤发现，跌进了设好的陷阱，在其借刀杀人计谋下备受折磨，最后在绝望中吞金自尽。尤二姐的悲剧，有自身性格上的弱点。对贾琏的轻信，导致她错误地托付一生，对王熙凤的轻信，导致她身陷危境而不自知。贾琏对贾蓉说："人人都说你婶子好，据我看那里及你二姨一零儿呢。"如此评价尤二姐，只会激起醋坛子的王熙凤大打出手。小厮兴儿说："陪了过来一共四个，嫁人的嫁人，死的死了，只剩了这个心腹（指平儿）。他原为收了屋里，一则显他贤良名儿，二则又叫拴爷的心，好不外头走邪的。"陪嫁过来的尚且没有一个有好下场，更不用说偷娶的了。贾琏与尤二姐是过了一段恩爱的日子。甚至贾琏还将私房钱交由她保管，甚至在她面前诅咒王熙凤早死。这让尤二姐看到了希望，好像王熙凤眼一闭，她就可以登堂入室扶正了，这是糊涂得无可救药，试想，一个男人对自己的正室夫人都薄情寡义，怎么可能对外室真心？尤二姐真正的心理动机是，早日进

府作个名正言顺的"妾"。贾琏是长期在王熙凤这样一个女强人压制下生活的，家里所有的事情都由夫人做主，抢尽了他的风头。对于贾琏这样个性很强的贵族少爷来说，这种女人简直是"夜叉"；而且王熙凤又对他的私生活看管极严。在这种逆反心理下，他爱上了温柔没脾气的尤二姐，她对家务事也不在行，凡事都要与贾琏商议，这给了贾琏当家作主的感觉。他们二人的性格正好形成互补，加上尤二姐的惊人美貌，更令他着迷，但王熙凤的存在始终是他们生活的最大威胁。尤二姐也听说过她的厉害，但她本来就是个没主见的人，天真地以为只要自己对王熙凤以礼相待，就不能将她怎么样。谁知对方根本不是个按常理出牌的人，而且其智商和情商比她不知要高出多少倍。对于王熙凤邀请进贾府，她竟然一点警惕性都没有，就算她急于认祖归宗要名份，也应该先讲好条件，然而她却无条件服从，又主动将贾琏给自己的财产交由王熙凤管理，从此在经济上彻底丧失了独立性，一条后路也不给自己留。其妹的死仍没有令她警醒，尤三姐因为心上人柳湘莲的见疑，选择以死自证清白。尤二姐也悲痛，却又说其妹是自寻短见，人家并没有威逼她。言下之意，是尤三姐糊涂了。其实尤三姐比尤二姐聪明、清醒得多。尤三姐死了，尤二姐的好日子也没多久。被荣华富贵和贾琏的甜言蜜语蒙蔽了双眼的尤二姐，不会想到自己已走上了条不归路。而她曾经最依赖的贾琏，此时却和贾赦赐给他的丫鬟秋桐干柴烈火。大观园要将她埋葬，而她毫无反驳之力，只有等死。此时无论是贾琏还是尤氏，都没有向她伸出援助之手，她很快绝望了，谩骂讥讽让她撑不下去了，加上

肚子里的孩子被庸医打掉，她明白剩余的日子，不过是受气。以后的人生，看不到一丝希望。将自己作践到如此的尤二姐，终于替自己做了一回有尊严的选择，用她曾经最喜爱的黄金，了结了性命。可能此刻她才真的后悔了，天上哪有白掉的馅饼，她失去了太多，到最后连命都送掉了。她糊涂而短暂的一生，就这样匆匆画上了句号。

画家彭连熙选择尤二姐抱膝独坐、形影相吊的画面，表现了她极度苦闷、失望的情感。古人云："大家之作，其言情也必沁人心脾，其写景也必豁人耳目。"描写情性应动人心魄，描写景物应如在眼前。画中人与所处的环境应浑然天成。绘画格调须用心性来养，若用心不深，下笔即俗。养心为用，格调必高，所画自然会有高的境界，这是彭连熙对《红楼梦》中人物及所处环境的深刻理解，他创作的尤二姐画作，人物与景物交融，意境深邃。

可憐深院
春夢斷
丙戌秋月
趙連熙作
於沽上

小寒

神策軍碑

一候・雁北乡

二候・鹊始巢

三候・雉始雊

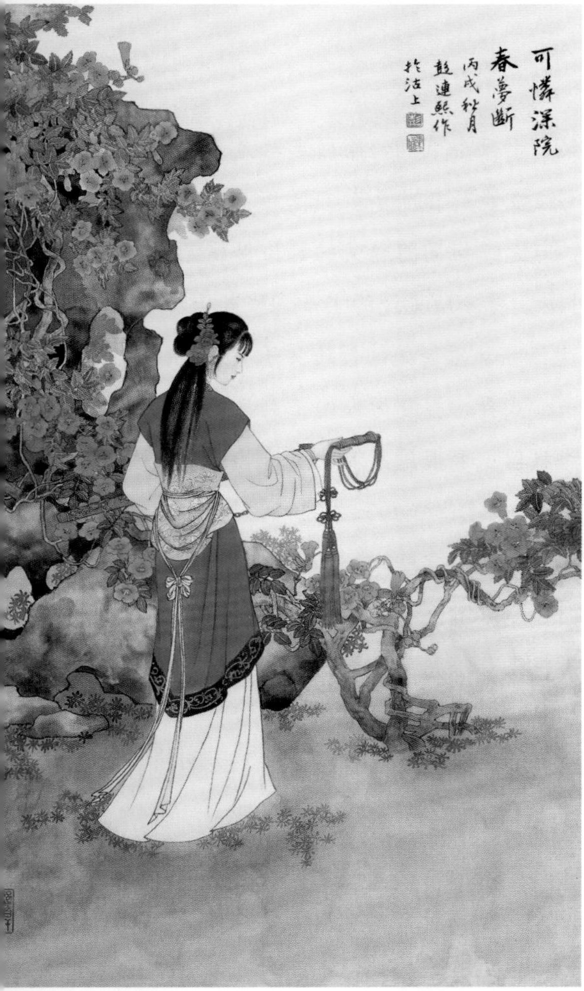

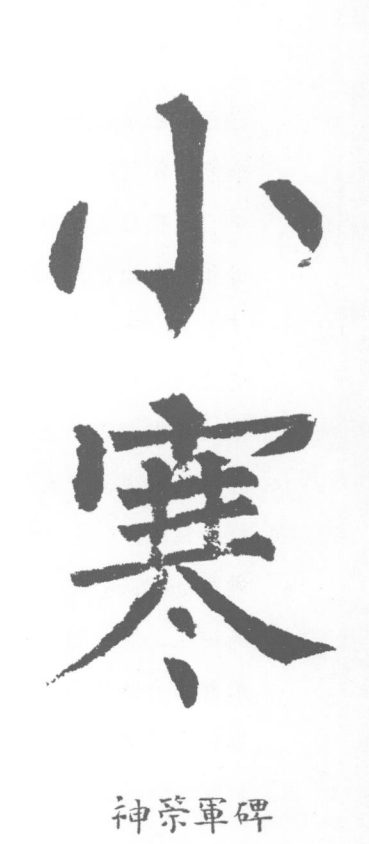

小寒系二十四节气的第二十三个节气，画面选取尤三姐在这个节令仗剑的画面，契合《红楼梦》中的情节。

尤三姐实际也不姓尤，与尤二姐同随继父的姓，俱属尤氏继母和前夫的女儿，亦称尤小妹。贾珍所见过的上下贵贱若干女子，"皆未有此绰约风流者"，尤三姐让垂涎她的贾珍父子不敢轻视。一个没有社会地位的弱女子，戏弄、报复男人的工具只能是最原始的资本，以美色和泼辣为武器。混惯风月场的贾珍父子被她摆弄得很狼狈，"欲近不敢，欲远不舍""那三姐儿天天挑拣穿吃，打了银的，又要金的；有了珠子，又要宝石；吃着肥鹅，又宰肥鸭；或不趁心，连桌一推；衣裳不如意，不论绫缎新整，便用剪子铰碎，撕一条，骂一句。"这样折腾得贾珍父子不得消停，但这种放浪形骸的生活并不是她想要的，仇恨是一柄双刃剑，割伤了别人，也刺痛了自己。如花的年纪，却失去了对未来的憧憬。在她轻狂豪爽的背后，隐藏了多少辛酸的泪水。

终于有个机会，尤三姐看中了侠义豪爽的柳湘莲，"若有了姓柳的来，我便嫁他。从今儿起，我吃常斋念佛，伏侍母亲；等来了嫁了他去；若一百年不来，我自己修行去了。"尤三姐将柳湘莲看作对她宁国府生活的救赎，视为帮她出泥潭的桥或渡她出苦海的舟。她觉得，和柳湘莲在一起就会拥有一份干净、平和的生活。这个幸福的向往令她打消了戏弄、报复贾珍父子之心，敛去了放浪形骸，她以为这样就可以斩断昨日，把一个清清白白的自己交给柳湘莲，交给未来的美好生活。贾琏与柳湘莲说亲后，对方一口应允，并解下"鸳鸯剑"作为信物。尤三姐接到剑拔出

鞘一看，原来是两把合体的，一把刻着"鸳"，一把刻着"鸯"，贾琏带回来的鸳鸯宝剑让尤三姐那个苦苦等待的梦更加绚烂起来。她每天望着床头的剑，除了自喜终身有望，更重要的是可以逃离那种让她嫌恶的生活，终于可以得到解脱。后柳湘莲进京和贾宝玉谈起此事，略带疑虑地问："我平素和她没什么来往，她为何对我如此钟情？"贾宝玉忙说："你以前总是说要个绝色，如今这尤三姐果真是天下无双，你为什么又多心呢？"柳湘莲问起尤三姐的来历，当听说她住在宁国府时，跺脚嚷道："这事不好了，断乎做不得了！你们东府里除了那两个石头狮子干净，只怕连猫儿狗儿都不干净。我不做这剩王八。"又赶忙找到贾琏，说："我姑姑已经给我订下亲事，没有办法，只得请奉还宝剑。"贾琏一听着了急，叫道："婚姻大事岂能当做儿戏？既然已经定好，那就不能随意反悔！"尤三姐在房内听得一清二楚，知道柳湘莲听了闲话拒绝接受她。原以为所爱的男人会懂她，她的无奈、她的挣扎、她的痛苦，然而柳湘莲却如此绝情，因此尤三姐寒了心，从床上摘下鸳鸯剑走出来说道："你们也不必再说了，还你的定礼。"说完泪如雨下，一手把剑递给柳湘莲，一手按住剑柄，使劲一拔，把剑往颈上一横，正是"揉碎桃花红满地，玉山倾倒再难扶"。

　　曹雪芹笔下一个个鲜活的生命中，尤三姐格外耀眼，后世关于她的红楼题材颇多。画家彭连熙选取她持鸳鸯剑的画面，贴切地表现了她的刚烈性格。那一道冰冷的剑光，划亮了整座红楼。尤三姐殉情，是一个女子为了有尊严地存在而作出的无声呐喊。斯人已逝，香魂依然飘荡。

大寒

迴元觀鐘樓銘

明月梅花一夢
丙戌孟秋逸熙

一候·鸡乳

二候·征鸟厉疾

三候·水泽腹坚

大寒系二十四节气的最后一个节气，这个时节往往白雪覆盖着大地，薛宝琴"踏雪寻梅"是历代画家热衷的题材。

薛宝琴是薛宝钗的堂妹。贾母很喜爱她，第一次见她，就欲把她说给贾宝玉为妻，王熙凤猜中了贾母的心思，也欲说她为弟媳妇，后来得知薛宝琴已有婚约，才只得作罢。

《红楼梦》中竭力表现薛宝琴的才华，芦雪庵争联即景诗，她与薛宝钗、林黛玉共战湘云，妙句迭出。尤其第五十一回，她以跟着父亲所经过各省内的古迹为题，每首各隐一件物品，一人竟独作怀古诗十首：

赤壁怀古

赤壁尘埋水不流，徒留名姓载空舟。

喧阗一炬悲风冷，无限英魂在内游。

此诗历史背景是：东汉建安十三年，孙权与刘备联军用火攻大破曹操军，曹军伤亡重大，折戟沉尸于江中，而江水为之阻塞不流。曹军兵败后，空见船上旗号而已。有研究者认为，这首诗实际是写贾府这个仕宦大族在衰败过程中死亡累累，"无限英魂在内游"，恰如赤壁鏖兵中曹家人马"一败涂地"。曹操与曹雪芹同姓是巧合，但《红楼梦》中有作者的家世感慨在，是不言而喻的。

交趾怀古

铜铸金镛振纪纲，声传海外播戎羌。

> 马援自是功劳大，铁笛无烦说子房。

金镛系铜铸成的大钟，秦始皇统一六国后，曾收兵器铸金钟和铜人，这里借指马援建立了战功。汉光武帝时，羌兵反汉入金城，建武十一年，马援率军击破羌兵，将七千羌人迁徙到三辅。有研究者认为，这首是写贾元春。"金镛"是隐指宫闱，汉代张衡《东京赋》中说"宫悬金镛"，南齐武帝置金钟于景阳宫，令宫人闻钟声而起来梳妆。要宫妃黎明即起，就是为了"振纪纲"，与元春判词中所说的"榴花开处照宫闱"用意相同。"声传海外"与她所作灯谜中说爆竹如雷，都喻进封贵妃时的煊赫声势。马援正受皇帝的恩遇而忽然病死于远征途中，也可以说是"喜荣华正好，恨无常又到"。

钟山怀古

> 名利何曾伴汝身，无端被诏出凡尘。
> 牵连大抵难休绝，莫怨他人嘲笑频。

张敦颐《六朝事迹编类》载："文帝为筑室于钟山西岩下，谓之招隐馆。至齐周颙亦于钟山西立隐舍，休沐则归。后颙出为海盐令，孔稚珪作《北山移文》以讥之。"诗即写其事，周颙在《南齐书》中有传。考史传所载，曾为剡令、山阴县令，而未尝为海盐县令，一生仕宦不绝，并没有隐而复出事，其立隐舍于钟山，系在京任职时供假日休憩之用。孔稚珪所作乃寓言体游戏文章，

假设山灵口吻斥责周颙，以讽刺隐士贪图官禄的虚伪情态，未必有据。有研究者认为，这首是写李纨，她青春丧偶，外界之事一概不问不闻，所以说她不曾为"名利"所系。被他人嘲笑，她的判词中也有提示，所谓"枉与他人作笑谈"。

淮阴怀古

壮士须防恶犬欺，三齐位定盖棺时。

寄言世俗休轻鄙，一饭之恩死也知。

韩信贫贱时，一个洗衣妇可怜他给他饭吃，后来韩信封王，召见这个洗衣妇，赐赠千金以报答她的"一饭之恩"。此诗的"三齐位"指齐王之位，秦亡后项羽将齐地分为胶东、齐、济北三个诸侯国。韩信破赵平齐后，刘邦封他为齐王。当时楚汉相持不下，韩信的向背关系重大，齐人蒯通劝他不如割据一方，否则将来必自取其祸。韩信因受刘邦之封，不愿马上背汉。后来，他伏罪被处死前说："吾悔不听蒯通之计。"有研究者认为，这首是写王熙凤，诗的后两句是说当初刘姥姥来贾府告贷，虽得了王熙凤救济二十两银子和一顿饭的招待，却受尽了"轻鄙"，谁料后来全凭这位乡村老妪，才把她女儿巧姐从火坑里救了出来，这就是刘姥姥报她的"一饭之恩"。

广陵怀古

蝉噪鸦栖转眼过，隋堤风景近如何？

只缘占得风流号，惹得纷纷口舌多。

广陵郡，隋时先称扬州，又改为江都郡，治所在今江苏省扬州市。隋炀帝大业元年，调动河南诸郡男女百余万开挖通济渠，自长安直通江都。河渠两岸堤上种植杨柳，谓之隋堤。又沿渠造离宫四十余所，江都宫尤为华丽。同年仲秋，杨广率萧皇后以下嫔妃、诸王、公主、百官、僧尼、道士、侍从等一二十万人大举出游江都，水上龙舟楼船相衔二百余里，挽船壮丁八万余人，两岸骑兵护送，旌旗如林，穷极侈靡，耗尽国力，所过之处百姓遭殃。因隋炀帝喜欢游玩逸乐，得了个"风流"皇帝的称号，招来了后世的讥贬。有研究者认为，这首是写晴雯，前两句写欢乐宴游生活的短暂，怡红院"粉垣环护，绿柳周垂"，通往柳叶渚还有一条柳堤，正好用"隋堤"作比。宝玉、晴雯"相与共处者，仅五年八月有奇"，所以说"转眼过"。晴雯的判词中说"风流灵巧招人怨，寿夭多因诽谤生"，诗的后两句所说亦即此意。

桃叶渡怀古
衰草闲花映浅池，桃枝桃叶总分离。
六朝梁栋多如许，小照空悬壁上题。

桃叶是晋代王献之的妾，曾渡河与王献之分别，王献之在渡口作《桃叶歌》相赠，桃叶作《团扇歌》以答。王献之还曾在壁上题字及作画，事见《晋书·王献之传》。有研究者认为，这首

是写贾迎春。"衰草闲花映浅池"的景象七十九回中已经写到，宝玉吟诗也是以"池塘一夜秋风冷，吹散芰荷红玉影"起头。"桃枝桃叶"本是同根，恰好喻宝玉与迎春的兄妹关系。

青冢怀古

黑水茫茫咽不流，冰弦拨尽曲中愁。

汉家制度诚堪叹，樗栎应惭万古羞。

传说王昭君出塞时弹琵琶以寄恨。冰弦，一种蚕丝所制成的琵琶弦，弹琵琶事系晋代以后的附会；《西京杂记》载，汉元帝因后宫女子多，就叫画工画像看图召见。宫人都贿赂画工，独昭君不肯，所以她的像画得最坏，不得见元帝。后匈奴求亲，元帝就按图像选昭君去，临行前才发现她最美，悔之不及，就把毛延寿等许多画工都杀了。其实这个故事也不符合史实，因昭君是自愿和亲。有研究者认为，这首是写香菱。这个因"酿成干血之症"而"病入膏肓"的女子，因她册子上所画的"一方池沼，其中水涸泥干"图景，与本诗首句所写相合。

马嵬怀古

寂寞脂痕渍汗光，温柔一旦付东洋。

只因遗得风流迹，此日衣衾尚有香。

此诗历史背景是：天宝十五年，安禄山叛兵攻破潼关，唐玄

宗仓皇逃往四川，至马嵬驿六军驻马不进，杨贵妃被迫缢死。有研究者认为，这首是写秦可卿。前两句写她悬梁自尽，"渍汗光"三字状缢者遗容。《红楼梦》中说她"生得袅娜纤巧，行事又温柔和平"，所以用"温柔"二字。

蒲东寺怀古

小红骨贱最身轻，私掖偷携强撮成。

虽被夫人时吊起，已经勾引彼同行。

唐代元稹《莺莺传》和元代王实甫据此改编的《西厢记》故事中，虚构的佛寺名叫普救寺，因在蒲郡之东，又称蒲东寺，故事中张生与崔莺莺同寓居寺中而恋爱。小红系崔莺莺的婢女，是一个不苟同于传统礼教的女仆，她主动、热情地帮助张生和崔莺莺。《西厢记》中"拷红"一折写崔莺莺母亲为逼问私情而拷打小红。有研究者认为，这首是写金钏儿。"私掖偷携"是说金钏儿与贾宝玉私下拉拉扯扯，《红楼梦》中曾有描写。王夫人虽能一巴掌打得金钏儿"半边脸火热"，并逼她走上绝路，但不能改变宝玉对她的亲近态度。

梅花观怀古

不在梅边在柳边，个中谁拾画婵娟？

团圆莫忆春香到，一别西风又一年。

明代汤显祖戏曲《牡丹亭》中写杜丽娘抑郁成疾，死葬梅花观后面梅树之下，柳梦梅旅居该观，与她鬼魂相聚，后来二人结为夫妻。有研究者认为，这首是写林黛玉。杜丽娘受传统礼教约束，婚姻不自由，抑郁而死，这一点与林黛玉很像。《红楼梦》中林黛玉还常常引用丽娘的唱词。同时，春天又是宝黛曾经以为可以实现美好理想的时节，所谓"三月香巢初垒成"。

大多数研究者认为这十首"怀古诗"暗示着《红楼梦》中十位女子的命运，但分别暗示谁的命运，历代红学家未达成共识，对怀古诗所隐的物品谜底也是众说纷纭。

薛宝琴这个角色出现时已是《红楼梦》第四十九回，她不但模样长得好，且她的眼界和经历是大观园里女孩子所不能比的，薛姨妈这样介绍她："从小儿见的世面倒多，跟他父母四山五岳都走遍了""天下十停走了有五六停了"。她一入大观园就成了焦点人物，特别是薛宝琴出奇地投贾母的缘法，"老太太一见了，喜欢的无可不可，已经逼着太太认了干女儿了。老太太要养活，才刚已经定了。""连园中也不命住，晚上跟着贾母一处安寝。"贾母甚至将珍藏多年的凫靥裘毛斗篷都送给了她。史湘云最识货，她对薛宝琴说："可见老太太疼你了，这样疼宝玉，也没给他穿。"薛宝钗来了那么多年，也没有得到她这份殊荣，怪不得她酸酸地说："真俗语说'各人有缘法'。他也再想不到他这会子来，既来了，又有老太太这么疼他。""你也不知是那里来的福气！……我就不信我那些儿不如你。"连薛宝钗都弄不明白，她这堂妹到底哪一点儿好，竟然被贾母的法眼相中。曹雪芹不仅借贾母的喜

欢描写薛宝琴的出类拔萃，还用薛宝钗评价史湘云的性格侧面介绍薛宝琴的性格。"说你没心，却又有心，虽然有心，到底嘴太直了。我们这琴儿就有些象你"。据此可见薛宝琴的性情率真。

贾母喜聚不喜散，因此比较喜欢人多热闹的场合。薛宝琴与贾母之间投缘的描写，读者尚可理解，但贾母又细问薛宝琴的年庚八字并家内景况，薛姨妈度其意思，可能是要与宝玉求配，但这处描写令人不可思议。对于安排薛宝琴突然进入大观园，曹雪芹给了一个理由，她是到京师来与梅翰林儿子结婚的，但她人来了后，男方又派外任去了，恰好堂姐薛宝钗在大观园，就入园造访。不过仔细分析，这个理由漏洞不少。奇怪的是，薛家与梅翰林家没打招呼就将薛宝琴带来，而来后梅翰林却走了。不等男方要娶就自动"发嫁"，对于女方而言，是很掉价、伤体面的事，这不合人情常理。何况薛宝琴也没有必要因为没了父母就急忙出嫁，即使父母不在了，还有哥哥薛蝌，长兄如父，薛蝌更不至于夫家还没要人，就将妹妹推出去。对于薛宝琴的到来，表现最热情的是贾母，她似乎更欣赏活泼可爱、能说会道，有些泼辣性格的俊俏女孩子，因此王熙凤、晴雯、鸳鸯，都被宠爱，她们的性格属于外向型，薛宝琴性格可归入此类。贾母并不主张"冤家对头"式的婚姻，从她这种心理出发，牙尖嘴利的林黛玉并非她喜欢的类型，因此贾母不大看好宝黛的"木石前盟"。薛宝钗虽然模样端庄，但也并非最佳人选。因为薛宝钗那"雪洞"似的闺房，让贾母觉得不吉利，她不愿意给孙子找个厌恶花红柳绿、只爱素净的女人做妻子。在贾母看来，孙媳妇就该找薛宝琴这样的。曹

雪芹正是借薛宝琴的出现，将贾母对宝玉婚配人选的态度明朗化。

　　《红楼梦》中描写贾母在雪中赏梅，远远看到薛宝琴穿着凫裘，站在白雪皑皑的山坡上，后面一个丫鬟抱着一瓶红梅。贾母夸她比画上的还好看。画家彭连熙运用工笔重彩绢本精绘这个人物，巧用空间结构，准确表达了她的性格，人物生动传神，情景交融。

后　记

　　画家彭连熙精心绘制的以二十四节气为背景的红楼系列人物画，颇具特色。关于二十四节气与《红楼梦》人物画的结合，他有自己的心得体会。曹雪芹在创作《红楼梦》的过程中，一直将人物活动和情节发展融入冬夏春秋的四季，如贾宝玉出场始于春、终于冬，其他情节还有：暮春林黛玉荷锄葬花泣残红、夏天晴雯纳凉笑撕扇、中秋夜凹晶馆三钗联句、冬季群芳联句踏雪寻梅等。即使描写人物望月叹息、迎风洒泪的悲情，也与四季景色密切联系。《红楼梦》中的人物千姿百态，信手拈来皆是图画。红楼群芳大部分聚于大观园中，她们的盛事雅集，都随着四季的到来。顺时而为，随节气而展开情节。曹雪芹所描述的生活场景非常符合自然规律，因为描绘的是他所熟悉的生活。《红楼梦》这种现实主义作品，更强调生活的细节真实。也许在曹雪芹的心中，人就应与四季过，每天都领略大自然的恩赐，所谓"天人合一"。曹雪芹将二十四节气相关的内容，写得充满诗情画意。红楼群芳在大观园中与四季美景共同欢乐，上临高亭、下登渡船、远柳堤、穿花径，尽赏桃李争妍、雪月梅菊之盛。

　　国人最懂得顺应天时节气，四时变化，月圆月缺、花开花落、伤春悲秋，事由时令起，感因节气发，结诗社、品戏文、葬落花、卧芍药、春编柳、夏乘凉、秋咏菊、冬赏雪，种种雅事，有声有色，

如闻其声、如见其人。画不尽的红楼四季，皆可以在大观园中摄取。多姿多彩的四季生活与民俗文化，是《红楼梦》巨大魅力与生命力的重要元素。

国内很多出版单位出版过彭连熙的《红楼梦》绘画题材作品，如《红楼梦群芳图》《彩绘本红楼梦》等，得到美术界、红学界、收藏界和读者们的广泛赞誉。其中《彩绘本红楼梦》还入选中华优秀传统文化传承出版工程。他从《红楼梦》中体味到中国传统文化的精髓意蕴，因此能对曹雪芹笔下人物刻画得入木三分。对彭连熙而言，每一幅绘画都来自他的人生感悟，来自哲学、历史、文学和艺术法力的"修持"。以情入画是他对世态、情感的体悟，书画风格与人的性格息息相关，艺品取决于自身修持。书画之道，以静为审美核心，《红楼梦》中蕴含着佛道的空寂气象，形成一种"静气"，与中国画所追求的静气一脉相承。画境即是心境，画《红楼梦》更须有静气，画幅无论繁简、疏密，须有静穆气韵充盈笔墨之间。

中国画以线描作为造型手段，并将线描艺术发挥到极致，这是中国美术史最具有独特色彩的一笔。文学作品的人物绣像和插图大都是用线描完成。画家以线条造型，线条包含了太多的信息，它本身就是艺术，不仅塑造形象，更是画家寄托情感、表现个性的载体。关于线描造型，大处要把握人物外形，用好肢体语言，这是把握整体效果的关键，是林黛玉还是薛宝钗，行家一眼就能识别。细微处眉眼要传神，口鼻的特点要抓住，手要画得准确生动，长裙水袖尽可飘洒，远观能抓住观者目光，近看要有能打动观者

心灵的细节。白描是典雅精深的艺术，绘画若分高雅低俗，白描则近于阳春白雪，形式虽单纯，却蕴涵着万千变化。历经千载，无数杰出画家对线描潜心修持，线条的表现力和情致已形成令人仰畏的审美要求，其高低雅俗一目了然。优秀的绘画作品还要力求凝重，做到力透纸背，唯有贯气与凝重相结合，方能动而不浮、重而不板。风格的形成既是画家本性的自然流露，也是理性的刻意追求，更与画家的修养相关，也是评判画家及其作品水平、成就的关键。凡是卓有成就的画家，都有自己独特的风格。对于《红楼梦》描绘的葬花黛玉、撕扇晴雯、醉眠湘云，这些性情各异、鲜活多姿的青春少女，彭连熙力求画出人物的内在精神世界，让画面有丰富的内涵和意境。而要达到这样的境界，必须认真品味曹雪芹的原著，这是必要的案头功课。但这还不够，因为从绘画的视角看，语言描写的形象无论如何生动细腻，也只是提供了一个可以任由想象驰骋的空间；与绘画相比，终究是概念式的东西，而绘画的具体形象则必须是肉眼实见。彭连熙在细读《红楼梦》的基础上，具体创作时，借助肢体仪态和服饰发型，在举手投足时所呈现出的个性张力、眉目表情的微妙变化，来刻画不同人物形象的神采、气质、性格、情感。

中国画的表现方法与西画大不相同，西画对物象的表现重于描摹，而中国画并不是机械的描摹，更具有意象性，也更注重神韵。这是画家灵性的坦露，是和所表现对象进行的灵性互动。只有这种灵性的互动，才能将表现对象最精彩的神韵表现出来。《红楼梦》所展示的历史现实生活画面，交织着形形色色的生活经纬。从《红

楼梦》的每一个细部来看，它的每一个细节，又都是如同生活本身一般真实。经典的中国传统人物画，蕴藏着中国文化的精神主旨，垂范着传统人物画的艺术理念。"神韵"之说是对艺术作品的最高要求，对于绘画而言，不论画幅大小与繁简，能将物象的神韵表现出来，便是可观之作。《红楼梦》中充满诗意的细节都极富神韵，非常适合以画笔来描绘。

正因为彭连熙对曹雪芹创作的《红楼梦》有深刻的体会，才能创作出《红楼群芳图》《大观园雅集图》等绘画艺术精品。这里选取的彭连熙画作，以空灵的水墨、洒脱自如的线条、传神的形象，呈现出其笔墨的精微，画作情高而格逸，显示出其高超娴熟的造型能力。